Vorträge des Festkolloquiums anläßlich
des 80. Geburtstages von Hermann Klare,
Ordentliches Mitglied der Akademie der
Wissenschaften der DDR, veranstaltet von
der Klasse Chemie und dem Institut für
Polymerenchemie „Erich Correns" der AdW der DDR
am 17. Mai 1989

Herausgegeben im Auftrage
des Präsidenten der Akademie
der Wissenschaften der DDR
von Vizepräsident Prof. Dr. Hans-Heinz Emons

ISBN 3-05-500849-9
ISSN 0138-3965
Erschienen im Akademie-Verlag, Leipziger Straße 3–4, O-1086 Berlin

Printed in Germany
Gesamtherstellung: Druckhaus Köthen GmbH
LSV 1235
Bestellnummer: 764 156 9 (2010/90/5/N)

Inhalt

Werner Scheler

Laudatio

Verehrte Anwesende!
Sehr geehrter, lieber Herr Klare!

Vor wenigen Tagen haben Sie die 80. Wiederkehr Ihres Geburtstages begehen können. Sie haben zu diesem, Ihrem Jubiläum viele Grüße und Glückwünsche entgegennehmen können. Ihnen wurde die hohe Auszeichnung mit dem „Großen Stern der Völkerfreundschaft" zuteil, und Sie haben zu Ihrem Ehrentag mit Recht anerkennende Worte über Ihr Schaffen und vielfältiges Wirken hören können.

Nachdem Ihnen zu Ihrem Geburtstag das Präsidium unserer Akademie im Namen aller ihrer Mitglieder und Angehörigen Dank sagen durfte für Ihre erfolgreiche Arbeit in der Wissenschaft und im gesellschaftlichen Leben, möchten heute die Klasse Chemie und das Institut für Polymerenchemie „Erich Correns" dem Chemiker Klare ihre spezifische Ehrung zuteil werden lassen.

Ich habe mich gefreut, als ich gefragt wurde, zur Eröffnung dieses Festkolloquiums einige Worte zu sagen. Ich tue dies gern, nicht nur als Präsident unserer Akademie. Als Pharmakologe, der ich bin, muß man in der Wissenschaft mindestens auf zwei Beinen stehen, in den Biowissenschaften und in der Chemie. Und gerade aus der Wechselwirkung zwischen beiden resultieren die entscheidenden Fortschritte meines Fachgebietes. Sie, lieber Herr Klare, haben ein Forscherleben den synthetischen Polymeren gewidmet, meine Arbeit führte mich an die natürlichen Polymere heran, und wenn ich die Entwicklung auf dem Polymergebiet verfolge, so nähern sich beide Richtungen auf verschiedenen Feldern und Wegen. So spreche ich diese Eröffnungsworte einerseits als Ihr Nachfolger im Amt des Präsidenten, zum anderen – und dies sage ich auch mit Genugtuung – als Anverwandter der Chemie.

Bei einem Vorbereitungsgespräch für dieses Festkolloquium baten Sie, lieber Herr Klare, unter Hinweis auf Würdigungen zu vorangegangenen „runden" Geburtstagen ausdrücklich darum, von einer weiteren ausführlichen Laudatio Abstand zu nehmen. In der Tat würde der Zeitrahmen der heutigen Veranstaltung mit Sicherheit durch den Versuch gesprengt, die Daten und Stationen Ihres Lebensweges und alle Ihre Verdienste nachzuzeichnen.

Viele der Anwesenden haben unseren Jubilar auf unterschiedlichen Etappen seines beruflichen Lebensweges begleitet, dabei seinen ebenso streitbaren wie konstruktiven Diskussionsstil, seinen unverwüstlichen und zugleich erfrischenden Humor, aber auch seine hohe Überzeugungskraft und sein subtiles Einfühlungsvermögen schätzen gelernt. Auch die kürzlich erschienenen Publikationen in unserer Tages- und Fachpresse zeichnen ein umfassendes Bild.

Viele Jahrzehnte angestrengter schöpferischer Arbeit prägten die Persönlichkeit unseres Jubilars während seiner Tätigkeit als Chemiker in der Industrie und in der Forschung, als Wissenschaftler in hohen Leitungsfunktionen ebenso wie auch als leidenschaftlicher Streiter für die Fragen der Abrüstung.

Sie, verehrter Herr Klare, haben der jungen Generation, Ihren Mitarbeitern und Kollegen das Beispiel einer kreativen Forscherpersönlichkeit vorgelebt. Ihre wissenschaftlichen Leistungen haben hohe internationale Anerkennung gefunden und insbesondere zur Entwicklung der Chemiefaserproduktion in unserem Lande beigetragen. Ich freue mich, daß die heutigen Fachvorträge Ihrem Hauptarbeitsgebiet, der Chemiefaserforschung, gewidmet sind und Aussagen zu Entwicklungslinien sowie neuere Ergebnisse von Industrie- und Forschungseinrichtungen aufzeigen, die Stationen Ihres Lebensweges waren und mit denen Sie bis auf den heutigen Tag auf vielfältige Weise Kontakte pflegen.

Im Bewußtsein Ihrer Verantwortung gegenüber unserer Gesellschaft setzten Sie als Präsident unserer Akademie in den Jahren 1968 bis 1979 all Ihr Wissen und Können, Ihre Ideen und Ihren reichen Erfahrungsschatz für die wissenschaftliche Forschung und ihre volkswirtschaftliche Anwendung in unserem Lande ein. Bleibende Verdienste erwarben Sie sich um die Herstellung der Einheit von Natur-, Technik- und Gesellschaftswissenschaften, um die Überführung wissenschaftlicher Ergebnisse in die industrielle Praxis sowie um die Vertiefung der internationalen Wissenschaftskooperation.

In den auf Ihre Präsidentschaft folgenden Jahren haben Sie als Vorsitzender der Klasse Chemie und als Vorsitzender des DDR-Komitees für wissenschaftliche Fragen der Sicherung des Friedens und der Abrüstung Ihre Erfahrungen und Kenntnisse in den Dienst unserer Gesellschaft und einer friedlichen Zukunft der Menschheit gestellt.

Als Vorsitzender der Klasse Chemie bemühten Sie sich im Zeitraum von 1980 bis 1988 erfolgreich darum, die Tätigkeit dieses Beratungsgremiums noch stärker mit konzeptionellen Arbeiten zum Forschungsprogramm Chemie zu verknüpfen. Sie gaben der Klasse entscheidende Impulse für die Ausarbeitung richtungsweisender Stellungnahmen zu grundsätzlichen Entwicklungsfragen auf dem Gebiet der Chemie und stehen auch heute noch als Ehrenvorsitzender der Klasse mit Rat und Tat zur Seite.

Stets verstanden Sie es, verehrter Herr Klare, als Ihr Grundanliegen, die Argumente des Wissenschaftlers für eine friedliche Nutzung wissenschaftlicher Erkenntnisse einzusetzen. Sie gehören zu den Wissenschaftlern unseres Landes, die in vorderster Front ihre Stimme gegen die Politik des Wettrüstens erheben und die durch ihr eigenes Auftreten unermüdlich an die gesellschaftliche Verantwortung aller Wissenschaftler appellieren, sich mit ihrem Wissen um die tödlichen Gefahren eines Kernwaffenkrieges gegen den ungeheuerlichen Rüstungswahnsinn zur Wehr zu setzen.

Durch Ihr langjähriges und vielseitiges Wirken und Schaffen haben Sie, lieber Herr Klare, maßgeblich zur Hebung des Ansehens unserer Akademie beigetragen. Lassen Sie mich Ihnen – auch hier im Kreise Ihrer Fachkollegen und Mitstreiter – noch einmal danken für alles das, was Sie für die Akademie der Wissenschaften der DDR geleistet haben.

Möge es Ihnen vergönnt sein, zusammen mit Ihrer verehrten Gattin, Ihren Kindern, Enkeln und Urenkeln noch eine lange Zeit in guter Gesundheit und ungebrochener Schaffenskraft tätig zu sein!

Jürgen Dahlmann

Laudatio für die Verleihung der Erich-Thilo-Medaille 1989 an Prof. em. Dr. Dr. h. c. mult. Hermann Klare

Sehr verehrter Herr Klare!

Der Vorstand der Chemischen Gesellschaft der DDR hat am 15. November 1988 in der Vorstandssitzung anläßlich der Hauptjahrestagung in Gera einstimmig den Beschluß gefaßt, Ihnen die Erich-Thilo-Medaille zu verleihen.

Entsprechend dem Statut für die Verleihung der dem Gründer der Chemischen Gesellschaft gewidmeten Medaille werden damit Ihre hervorragenden wissenschaftlichen Leistungen, im besonderen Ihre Verdienste um die Entwicklung der Chemie sowie um die Förderung der Chemischen Gesellschaft der DDR gewürdigt.

Unserer Gesellschaft waren Sie seit der Gründung 1953 eng verbunden. Erwähnt seien in diesem Zusammenhang Ihre richtungsweisenden Vorträge zu den Hauptjahrestagungen, angefangen von Ihrer Darlegung der Aufgaben und Probleme bei der Inbetriebnahme der ersten DEDERON-Fabrik anläßlich unserer ersten Chemikertagung in Leipzig bis hin zu Ihrem einleitenden Plenarvortrag anläßlich der Hauptjahrestagung 1978, wo Sie den historischen Rückblick mit einer prägnanten Darstellung der zukünftigen Aufgaben verbanden.

Die aktive Förderung der wissenschaftlichen Entwicklung und des öffentlichen Ansehens der Chemischen Gesellschaft vor allem während Ihrer Amtsperiode als Akademiepräsident, Ihr unermüdliches Engagement für die Entwicklung unserer jungen Akademiker zu Wissenschaftler-Persönlichkeiten finden die verdiente Würdigung durch die Verleihung der Erich-Thilo-Medaille.

Mit dieser Auszeichnung verbinden Mitglieder und Vorstand der Chemischen Gesellschaft den aufrichtigen Wunsch, daß Ihnen noch recht viele Jahre aktiven Schaffens vergönnt sein mögen und Sie unserer Gesellschaft auch in den kommenden Jahren mit Rat und Tat verbunden bleiben.

Es ist mir eine große Freude und Ehre, Ihnen im Namen des Vorsitzenden der Chemischen Gesellschaft der DDR, Dr. Reinhard Nitzsche, hiermit die Urkunde zur Erich-Thilo-Medaille überreichen zu können.

Jürgen Dahlmann

Synthese und Strukturbildung bei Polymeren für Spezialfasern

Lieber, sehr verehrter Herr Klare,
Herr Präsident,
meine Damen und Herren!

Die Entwicklung und der Ausbau der Produktion von Chemiefasern auf der Basis natürlicher und synthetischer Polymerer hat in den letzten 60–70 Jahren, insbesondere nach der Beendigung des 2. Weltkrieges weltweit eine sehr rasche Entwicklung genommen (1988 > 14 Mio t Synthesefasern). Primär war diese Entwicklung auf Fasern für den textilen Sektor, insbesondere für die Bekleidung ausgerichtet (> 50% – in der DDR sogar ~70% – des Verbrauches an Textilfasern werden heute durch Chemiefasern abgedeckt).

In zunehmendem Umfang wurden und werden aber auch spezielle Fasermaterialien für nichttextile Einsatzgebiete entwickelt und produziert. Die Palette erstreckt sich heute von Spezialfasern für verschiedene medizinische Einsatzfälle (vom resorbierbaren und nichtresorbierbaren chirurgischen Nahtmaterial über Hohlfasern für die Blutdetoxikation) bis zu den sich ständig erweiternden verschiedenartigsten technischen Einsatzgebieten. Einen besonderen Stellenwert besitzt dabei die hauptsächlich im letzten Jahrzehnt erfolgte Entwicklung und Produktionseinführung von hochfesten/hochmoduligen und temperaturbeständigen Spezialfasern.

In meinen folgenden Ausführungen möchte ich mich auf einige Aspekte der Synthese und Strukturbildung bei Polymeren zur Gewinnung derartiger Spezialfasern konzentrieren.

Schon sehr früh wurde erkannt, daß die mechanischen Eigenschaften von voll- und halbsynthetischen Chemiefasern nicht nur durch deren chemischen Aufbau, sondern ganz entscheidend auch von den Bedingungen bei der Fadenbildung bestimmt werden.

Grundlegende Untersuchungen, u. a. zum Einfluß der verschiedensten Faktoren, insbesondere auf die Eigenschaften von Polyamid- und Viskoseseiden, wurden von Ihnen, sehr verehrter Herr Klare, vor allem in den 50er und 60er Jahren durchgeführt. Dabei gelang es Ihnen, Ursachen und Mechanismen der Eigenschaftsveränderung unter dem Einfluß verschiedener Faktoren aufzuklären und diese Erkenntnisse in der Praxis nutzbar zu machen.

Die konsequente Verfolgung und Erweiterung der Arbeiten über Zusammenhänge zwischen chemischer Struktur, Verarbeitungsbedingungen, Mikro- und Makromorphologie sowie den verschiedensten Eigenschaften der Fasern haben international in den letzten 20 Jahrn zu weiteren ganz beachtlichen Fortschritten geführt.

Eine wichtige Frage im Zusammenhang mit der Erschließung neuer technischer Einsatzfelder war, lassen sich bzw. wie lassen sich die mechanischen Eigenschaften, insbesondere die Reißfestigkeit und der E-Modul, verbessern.

In Abhängigkeit von anderen Stoffeigenschaften und Erfordernissen sind in diesem Zusammenhang hauptsächlich die folgenden Wege beschritten worden, um sogenannte Hochleistungsfasern zu erhalten:

1. Bei den flexibelkettigen Polymeren die Entwicklung von Methoden zur besseren Orientierung und Ordnung der Makromoleküle in Fadenrichtung

2. Die Synthese von steifkettigen Polymeren, d. h. von Produkten mit lyotropen oder thermotropen Eigenschaften. In beiden Fällen beeinflußt die chemische Struktur mit den ihr adäquaten Eigenschaften zwar die Möglichkeiten und Wege zur Optimierung der physikalischen Struktur, die Vorgänge laufen aber zeitlich getrennt, d. h. nacheinander ab.

Eine gewissen Sonderstellung nimmt der 3. Weg ein (wie er für die Herstellung von C-Fasern typisch ist), bei dem die gesamte Umwandlung einen relativ komplexen Charakter annimmt, da chemische und physikalische Vorgänge des Abbaus und Aufbaus gleichzeitig erfolgen, sich gegenseitig bedingen und beeinflussen.

Ich möchte nun diese genannten 3 Hauptwege mit je einem Beispiel, auch unter Verwendung von bei uns im Institut in den letzten Jahren erzielten Ergebnissen etwas untersetzen.

Wie schon erwähnt, war bei den flexibelkettigen Polymeren bereits sehr frühzeitig erkannt worden, daß die mechanischen Eigenschaften neben der chemischen Struktur, dem Polymerisationsgrad und der Molekulargewichtsverteilung ganz entscheidend von der sog. „übermolekularen Struktur" abhängen.

Bei den traditionellen Prozessen der Faserherstellung wird diese Erkenntnis bereits lange genutzt, z. B. in Form der verschiedenen Varianten der Faserreckung. Wie der Vergleich einiger in Tab. 1 zusammengestellter Werte für die Festigkeiten und Moduli bei üblichen kommerziellen Produkten mit den theoretisch möglichen aber deutlich macht, existieren hier trotzdem ganz erhebliche Reserven.

Die Ursache für die großen Unterschiede zwischen Theorie und Praxis liegt nach den heutigen Erkenntnissen hauptsächlich im folgenden:

Tabelle 1 Mechanische Eigenschaften von Chemiefasern

Polymer	Dichte kg/m³	molekularer Flächenbedarf nm²	Festigkeit theoretisch GPa	Festigkeit normales kommerzielles Produkt GPa	E-Modul theoretisch GPa	E-Modul normales kommerzielles Produkt GPa
PE	960	0,193	31,6	<0,8	240	0,6–20
PP	910	0,348	17,6	<0,75	42	0,5–10
PVA	1280	0,228	26,7	<1,0	250	50–60
PET	1370	0,217	28,1	0,5–1,15	137	12–20

– Die flexibelkettigen Makromoleküle bilden in Lösung und Schmelzen Knäule, wobei sich die einzelnen Moleküle mehr oder weniger stark durchdringen. Es bestehen Verhakungen und Verschlaufungen, sog. „entanglements".
– Bei den kristallisierenden flexibelkettigen Polymeren, z. B. Polyethylen oder Polyamid, führt dies bei der Verfestigung aus der Schmelze oder Lösung zur Ausbildung von komplexen teilkristallinen Strukturen, einem Nebeneinander von ungeordneten und kristallinen Bereichen, wie sie Abb. 1 schematisch wiedergibt.

Charakteristisch für die sich ausbildende übermolekulare Struktur ist die in sich zurückgefaltete Kette, auf deren Basis in Abhängigkeit von äußeren Bedingungen bei der Kristallisation Sphärolithe oder – wie hier abgebildet – Fibrillen mit Faltlamellen entstehen können. Letzteres ist z. B. typisch für das Polyethylen, auf das ich nun etwas näher eingehen werde.

Wie Abb. 1 verdeutlicht, befinden sich die „entlanglements" bevorzugt in den ungeordneten Bereichen. Außerdem ist typisch, daß nur ein geringer Teil der Ketten (~ 10%) mehreren kristallinen Bereichen angehört.

Aber gerade diese Verbindungsmoleküle vermitteln den Zusammenhalt und leisten damit einen entscheidenden Beitrag zur Festigkeit.

Das Modell macht auch verständlich, daß bei den herkömmlichen Verarbeitungstechniken, u. a. beim Nachrecken, zwar eine gewisse Parallelisierung der Ketten in den amorphen Bereichen und Orientierung der verschiedenen Kristallite in Richtung der einwirkenden Kraft erfolgt, die Zahl, der Anteil der lastaufnehmenden Ketten dabei aber nicht steigt.

Hier liegt eine Ursache für die große Diskrepanz zwischen den theoretisch möglichen und den bei der herkömmlichen Faserherstellung erreichten mechanischen Kennwerten. Es wurde daher nach Methoden gesucht, wie der Ausbildung einer Faltlamellen-Struktur wirksam begegnet und der lateral orientierte fibrillare Anteil wesentlich erhöht werden kann. Eine Voraussetzung dafür ist, daß die Verhakungsdichte verringert wird. Wie gezeigt

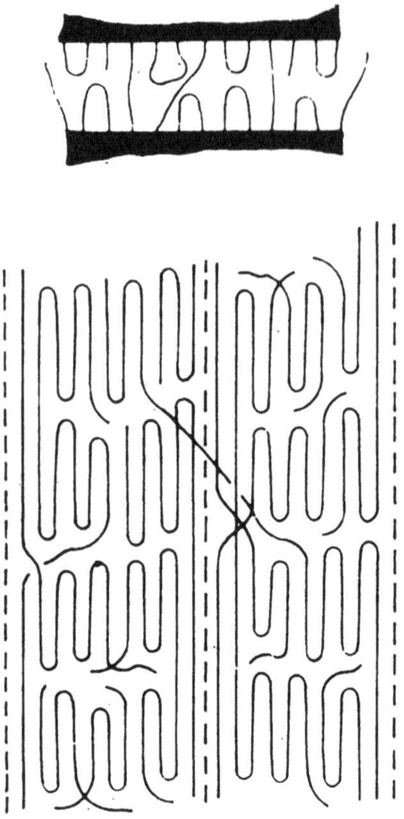

Abb. 1 Übermolekulare Struktur flexibelkettiger teilkristalliner Polymerer

werden konnte, läßt sich dabei der Gelzustand nutzen. Eine interessante Variante ist in diesem Zusammenhang die hauptsächlich von dem Arbeitskreis um A. J. Pennings am Beispiel des Polyethylens entwickelte Methode des sog. Oberflächenspinnens [1, 2]. Abb. 2 verdeutlicht das Prinzip.

Die Polymerlösung befindet sich in einem zylindrischen Gefäß, in dem ein zweiter Zylinder mit konstanter Geschwindigkeit rotiert. Im dadurch aufgebauten Schergradienten bildet sich in der Nähe der Rotoroberfläche eine Gelschicht aus, in der die Moleküle parallel zueinander orientiert und abschnittsweise verstreckt werden. Mittels eines „Saatfadens" wird das Wachstum eines hochfesten/hochmoduligen PE-Fadens initiiert und dieser kontinuierlich abgezogen.

Die nach dieser Methode von Pennings und Mitarbeitern hergestellten Polyethylenfasern zeigen Festigkeiten und Modul-Werte, die ca. 1 Größenordnung über der gewöhnlicher PE-Fäden liegen. In Weiterführung dieser

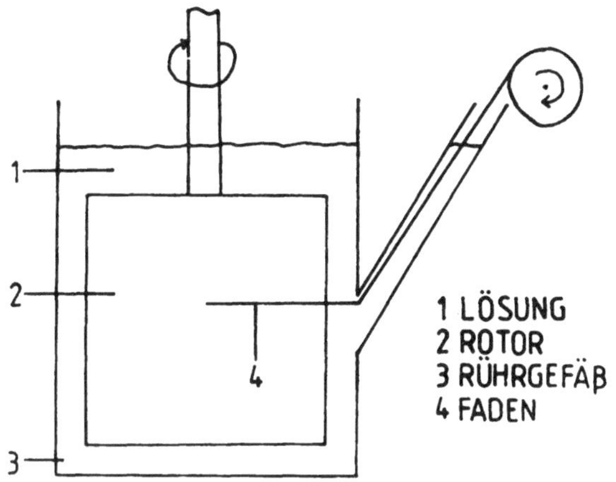

Abb. 2 Oberflächenspinnen

Ideen und Erkenntnisse wurde dann von P. Smith und P. J. Lemstra [3, 4] das eigentliche Gelspinnen entwickelt, aber auch von Pennings und Mitarb. [5, 6] und anderen Arbeitsgruppen [7–10] in der Welt sehr intensiv untersucht. Es wird dabei vom Grundsatz her wie folgt vorgegangen:

Durch Lösen von Polyethylen in einem geeigneten Lösungsmittel in der Hitze und Abkühlen der Lösung wird ein thermotropes Gel erzeugt. Durch Wahl des Lösungsmittels und der Polymerkonzentration läßt sich die Zahl bzw. die Dichte der Verhakungen und Verschlaufungen optimieren, d. h. auf einen gewünschten Wert einstellen. Dieser Zustand ist dann im Gel durch die Ausbildung eines physikalischen Netzwerkes stabilisiert. Das Gel wird dann unter Einwirkung von Scher- und Dehnkräften versponnen, so daß die gewünschte Verstreckung, Orientierung und Ordnung der Makromoleküle eintritt. Für dieses Gelspinnen wurden verschiedene Varianten vorgeschlagen und erprobt. Technisch realisiert ist inzwischen eine Variante, bei der mittels eines Extruders über einen konisch geformten Spinnkanal das Gel versponnen und anschließend einer intensiven Heißreckung unterzogen wird. Auf diesem Wege lassen sich änlich wie mit dem Oberflächenspinnen hochfest/hochmodulige Fäden erzeugen.

Das mit den verschiedenen Methoden erreichbare Niveau hängt dabei jeweils von einer Reihe von Faktoren ab, so daß häufig ein unmittelbarer Vergleich von Ergebnissen nicht möglich ist.

Trotzdem sind in Tab. 2 einige Werte zusammengestellt, die verdeutlichen, in welchem Umfang Verbesserungen der mechanischen Kennwerte auf diesem Wege möglich sind.

Um Effekte in dieser Größenordnung erzielen zu können, müssen auch seitens der chemischen Struktur bestimmte Anforderungen erfüllt sein. Eine

Tabelle 2 Hochfest/hochmodulige Polyethylen-Fäden

Methode	Ausgangsmaterial M_w	M_w/M_n	Fasereigenschaften Festigkeit	E-Modul
Oberflächenspinnen (A. J. Pennings u. Mitarb., 1983)			<4	<105
Oberflächenspinnen + Zonenrecken (IPOC, 1984)	$1{,}5 \cdot 10^6$	14	2,8 5,5–9,9	80 128
Gelspinnen (P. Schmith u. P. J. Lemstra, 1981)	$4 \cdot 10^6$		3,8	120
Gelspinnen (IPOC, 1987)	$1{,}5 \cdot 10^6$	14	2,6	100
Gelspinnen (A. J. Pennings u. Mitarb., 1988)	$5{,}5 \cdot 10^6$	2,2	<7	

Voraussetzung ist, daß das Molekulargewicht hoch genug und die Molekulargewichtsverteilung nicht zu breit ist, d. h. je höher das Molekulargewicht und je enger die Verteilung, um so bessere Werte sind erzielbar. (Ein Fakt, der beim Vergleich von Ergebnissen zu berücksichtigen ist!).

Ich möchte nun an dieser Stelle kurz auf die Frage eingehen, in welchem Umfang die eingangs erörterten Vorstellungen zur gezielten Umgestaltung der übermolekularen Struktur mit den angewendeten Methoden tatsächlich realisiert werden konnten und ob die eingetretenen Struktur- mit den beobachteten Eigenschaftsveränderungen in erwarteter Weise korrelieren.

Wie diesbezügliche Untersuchungen zeigen, sind die nach obigen Methoden hergestellten hochfesten/hochmoduligen PE-Fasern nicht völlig frei von Faltlamellen, sie weisen meist eine ausgeprägte shisch-kebab- oder Schaschlik-Spieß-Morphologie auf, wie sie Abb. 3 schematisch wiedergibt [10 a].

Neben der mikrofibrillaren Kernstruktur gibt es noch einen nicht zu vernachlässigenden Anteil von Molekülen, die ausgehend von außerhalb der Kernfibrillen befindlichen Kettenenden und deren Rückfaltung Faltlamellen bilden, die die Kernfibrillen mehr oder weniger kreisförmig umschließen.

Durch entsprechende Optimierung des Temperatur- und Reckregimes ist es bei uns gelungen, auch reine fibrillare Strukturen ohne erkennbare lamellare Aufwachsungen zu erzeugen [10].

Zur genaueren Charakterisierung der übermolekularen Struktur solcher hochfesten/hochmoduligen PE-Fäden wurden bei uns röntgenographische

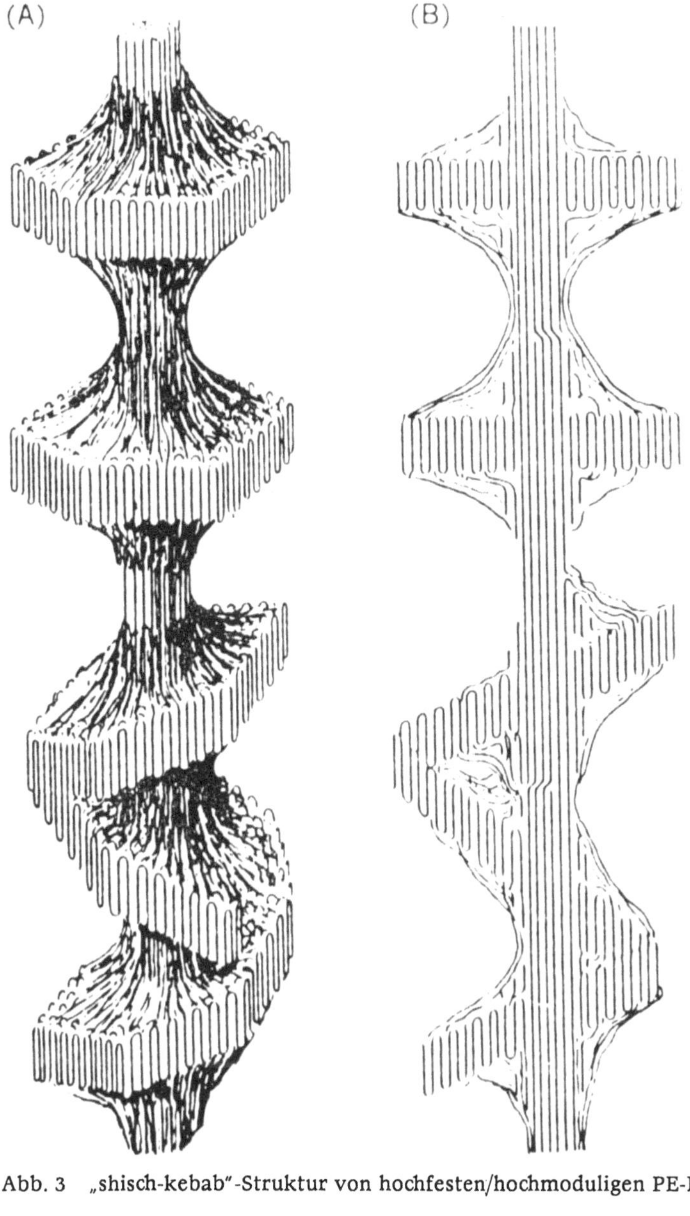

Abb. 3 „shisch-kebab"-Struktur von hochfesten/hochmoduligen PE-Fäden

Untersuchungen in Kombinaten mit anderen Methoden eingesetzt. Es konnte dabei bestätigt werden, daß nahezu durchgängig fibrillar aufgebaute Fäden herstellbar sind und in allen Fällen (mit nur sehr geringer Streuung) die Kettenlängsachsen in Faserlängsachsenrichtung orientiert sind. Außerdem konnte eindeutig gezeigt werden, daß das makroskopische Eigenschaftsbild eines solchen Fadens durch die Struktur der Mikrofibrillen, aus denen die größeren fibrillaren Einheiten aufgebaut sind, bestimmt wird. Abb. 4 veranschaulicht solche Strukturelemente.

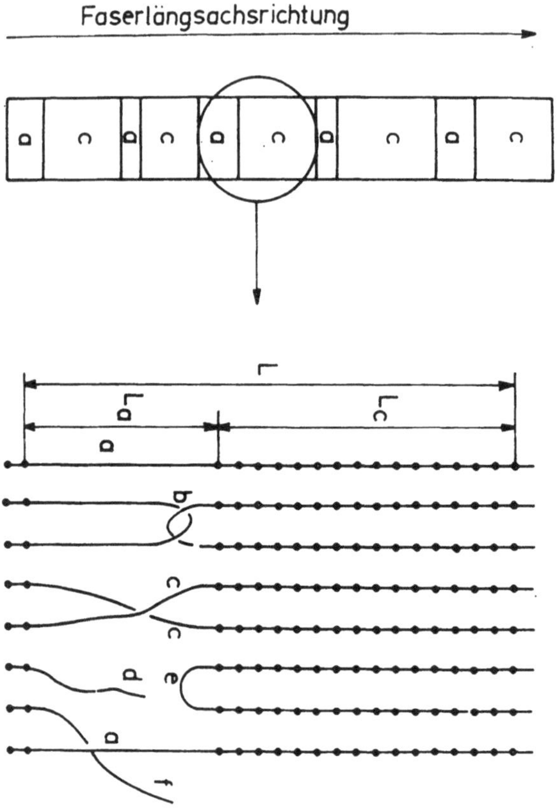

Abb. 4 Strukturelemente der Mikrofibrillen

Es wurde gefunden, daß auch in den hochfesten/hochmoduligen Fasern die Mikrofibrillen in longitudinaler Richtung im Wechsel immer noch kristalline und nichtkristalline Bereiche aufweisen (auf der linken Seite der Abb. schematisch dargestellt). Außerdem ist deutlich gemacht, welche verschiedenen Typen von Kettenabschnitten am Fibrillenaufbau beteiligt sind:

– Intrafibrillare Verbindungsmoleküle, d. h. durchgängige Molekülketten, die wenigstens 2 kristallinen Bereichen gemeinsam sind. Von diesen gibt es 2 Typen, die gestrafften (a) und losen (c).
– die Kettenverhakungen (b),
– freie Kettenenden (d) – Ausgangspunkt für evtl. noch vorhandene Rückfaltungen (Lamellen)

sowie

– intrafibrillare Verbindungsmoleküle (f), die eine direkte Verknüpfung von Mikrofibrillen bedingen.

Zu einer Reihe solcher Parameter lassen sich durch röntgenographische Untersuchungen gekoppelt mit Aussagen aus thermischen und mechanischen Untersuchungsergebnissen quantitative Abschätzungen vornehmen. Dazu gehören z. B. Aussagen zur Ausdehnung (Länge) der kristallinen und amorphen Bereiche und der Gesamtlänge eines solchen Strukturelements sowie zur Querschnittsfläche des zum Strukturelement gehörigen Kristalliten. In der Tab. 3 sind solche Werte für einige hochfeste/hochmodulige PE-Fasern zusammengestellt, wie sie bei uns ermittelt wurden [10, 11].

Tabelle 3 Eigenschaften und Strukturparameter der Mikrofibrillen bei hochfest/hochmoduligem PE

							Kettenabschnitte pro Struktureinheit			
								im nichtkristallinen Anteil		
Probe (Faser-Herst.)	Festigkeit GPa	E-Mod. GPa	L nm	L_c nm (Kristallinität %)	L_a nm	Gitterstörungsparameter %	im Kristallanteil	Verbindungsmoleküle (davon gestr. %)	Kettenverhakungen	Kettenenden
IPOC Gel-Spinnen Reckgrad 200)	1,4	35	12	10 (84)	2	1,5	600	592 (2,0)	6–7)	1–2
IPOC (Oberflächen-Sp. u. Zonenrecken)	3,5	100	18	16 (90)	2	1,6	200	197 (4,5)	2	1
Allied Chem. Corp. Spektra 900 (Gel. Spinnen u. Heißreckung)	2,4	70	16	14 (87)	2	1,2	400	393 (3,5)	5–6	1–2

Wie zu erkennen ist, zeichnen sich alle diese Materialien durch eine hohe Kristallinität (84–90%) aus. Die Gitterstörungsparameter liegen zwischen 1 und 2% und korrelieren offensichtlich nicht mit den Festigkeits- und Moleküleigenschaften. Typisch für alle diese Fasern ist der sehr hohe Anteil an Verbindungsmolekülen (> 90%), von denen aber nur ein geringer Teil gestrafft ist. Wie außerdem deutlich wird, korrelieren Festigkeit und Modul offensichtlich mit folgenden Parametern:

- Je dünner die fibrillaren Einheiten (hier angegeben ist die Zahl der Kettenabschnitte pro Struktureinheit, die daraus resultiert) sind, desto größer die Festigkeit bei sonst gleichem inneren Aufbau.
- Je höher der prozentuale Anteil an gestrafften Verbindungsmolekülen, desto größer der E-Modul.

Aus den für diese hochfesten/hochmoduligen PE-Fäden ermittelten Werten läßt sich dagegen keine signifikante Beziehung mehr ableiten zwischen den geringen Konzentrationen an Kettenenden sowie Kettenverhakungen und den Festigkeiten der Proben in Faserrichtung.

Es sind weitere Polymere bekannt, bei denen es gelingt, unter Anwendung ähnlicher Methoden hochfeste/hochmodulige Fäden herzustellen. Zu diesen gehört u. a. der Polyvinylalkohol. Die Frage ist sicher berechtigt, bei welchen flexibelkettigen Polymeren die Anwendung dieser Methode noch sinvoll ist, ob z. B. auch beim PAN die übermolekulare Struktur hinsichtlich Ordnung und Orientierung mit Hilfe des Gelspinnens wesentlich günstiger gestaltet werden kann. Da PAN-Fasern heute das wichtigste Ausgangsprodukt für die Herstellung der hochfesten/hochmoduligen Kohlenstoff-Fasern sind, komme ich auf diese Probleme später im Zusammenhang mit meinen Ausführungen zur Herstellung und Struktur von Kohlenstoff-Fasern und ihrer Vorstufen noch einmal kurz zurück. Jetzt möchte ich erst einmal auf die eingangs erwähnte 2. Möglichkeit zur Gewinnung von Hochleistungsfasern eingehen, auf die steifkettigen Polymeren. Es ist sicher relativ plausibel, daß höher geordnete Strukturen sich aus steifkettigen Polymeren, die flüssigkristalline Eigenschaften besitzen, im Vergleich zu flexibelkettigen leichter ausbilden. Zu derartigen Polymertypen gehören die seit einiger Zeit in rascher Entwicklung befindlichen thermotropen aromatischen Polyester, über die hier in der Klasse vor noch nicht allzulanger Zeit von Herrn Rätzsch [12] berichtet wurde, sowie die lyotropen aromatischen Polyamide.

Das bekannteste unter diesen lyotropen aromatischen Polyamiden ist das Poly (p-phenylenterephthalamid), das von der Du Pont unter der Bezeichnung Kevlar und von der Enka als Twaron produziert wird (s. Abb. 5).

Die Jahresproduktion an dieser Faser hat 1988 insgesamt ca. 17000 t (Wert: ~ 500 Mio $) betragen, die Zuwachsraten lagen und liegen in den USA bei 10, in Westeuropa bei 15 und in Japan sogar bei 20%, und es wird bis 1991 eine Steigerung auf 24 000 t erwartet.

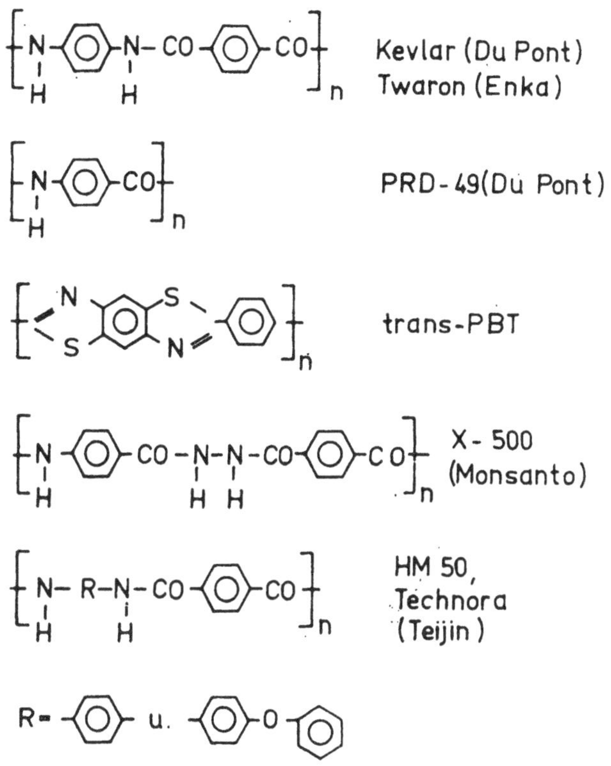

Abb. 5 Hochleistungsfasern aus steifkettigen Polymeren

Weitere lyotrope Polymere, die sich zu hochfesten/hochmoduligen Fasern verarbeiten lassen, sind z. B. das Polybenzamid sowie das Polybenzbisthiazol, das sog. trans-PBT. Zu Fasern dieses Typs gehört auch das Poly(terephthaloyl-p-amino-benzhydrazid) und die sog. Technora-Faser der Firma Teijin. Letztere ist chemisch ein Copolymeres von Poly-(p-phenylenterephthalamid) mit Poly-(3,4'-oxydiphenylen-terephthalamid). In dem ursprünglich als HM 50 bezeichneten Produkt sind 50% der p-Phenylen-Bausteine des Kevlars durch 3,4'-Oxy-diphenylen-Einheiten ersetzt. Die Faser hat vergleichbar gute Eigenschaften wie Kevlar, z. B. bezüglich Festigkeit und E-Modul, wie aus Tab. 4 zu ersehen ist.

Sie hat aber den Vorteil, daß sie nicht aus konz. Schwefelsäure, sondern aus einem org. Lösungsmittel (N-Methyl-pyrrolidon), in dem das Polymere auch hergestellt wird, ersponnen werden kann.

Im Gegensatz zu den in Abb. 5 noch aufgeführten Produkten, die das Stadium der Technikumsherstellung nicht überschritten haben und auch künf-

Tabelle 4 Mechanische Eigenschaften von steifkettigen Hochleistungsfasern

Faser		Festigkeit (GPa)	E-Modul (GPa)
Technora		3,4	83
Kevlar	−29	2,9	58−62
	−49	2,9	117−120
	−149	2,4	<170
	−981	3,5	100
(theoretisch)		29	182

tig kaum eine Konkurrenz für das Kevlar darstellen, wird die Technora-Faser seit dem vorigen Jahr kommerziell angeboten.

Wie aus der Tab. 4 außerdem ersichtlich, wurden vom Kevlar verschiedene Typen entwickelt, neben dem Standardprodukt Kevlar 49 insbesondere eine höher feste und eine höher modulige Variante. Ein Vergleich der für Kevlar angegebenen theoretischen und praktisch erreichten Festigkeiten und Moduli macht deutlich, daß bezüglich des E-Moduls keine große Differenz mehr zwischen theoretischem und praktisch erreichtem Wert besteht.

Gegenüber den flexibelkettigen Polymeren vom Typ des Polyethylens haben diese hocharomatischen steifkettigen Produkte eine Reihe von Vorteilen, zu denen außer einer wesentlich höheren Kriechstabilität vor allem ihre hohe thermische Belastbarkeit gehört. Während die Festigkeit eines Polyethylenfadens bei 150 °C praktisch 0 ist, tritt ein Festigkeitsabfall beim Kevlar bei dieser Temperatur auch nach längerer Zeit nicht ein.

Für zahlreiche Applikationsfelder werden aber auch Produkte benötigt, die sich durch eine noch höhere thermische Formbeständigkeit auszeichnen und darüber hinaus schwer entflammbar und möglichst selbstverlöschend sind. Solche Forderungen lassen sich durch Aufbau entsprechender chemischer Strukturen realisieren. Es hat zu diesem Problem in der Vergangenheit international außerordentlich umfangreiche Untersuchungen gegeben, in deren Ergebnis heute eine ganze Reihe von Polymerstrukturen bekannt sind, die solchen Anforderungen mehr oder weniger gut genügen. Es handelt sich dabei insbesondere um Polymere, die aus bestimmten aromatischen und/oder heterocyclischen Ringsystemen aufgebaut sind. Die Abb. 6 zeigt einige solcher Polymerstrukturen.

Zu den thermostabilen Fasern, die international auf dem Markt sind, gehört das sog. Nomex der Du Pont bzw. Conex von Teijin, ein dem Kevlar analoges m-Aramid. Thermostabile Fasern sind auch das von Hoechst-Celanese entwickelte Polybenzimidazol sowie die Polyimid-Fasern P 84 und Kermel. Zu den Heterocyclen, auf deren Basis thermostabile Polymere aufge-

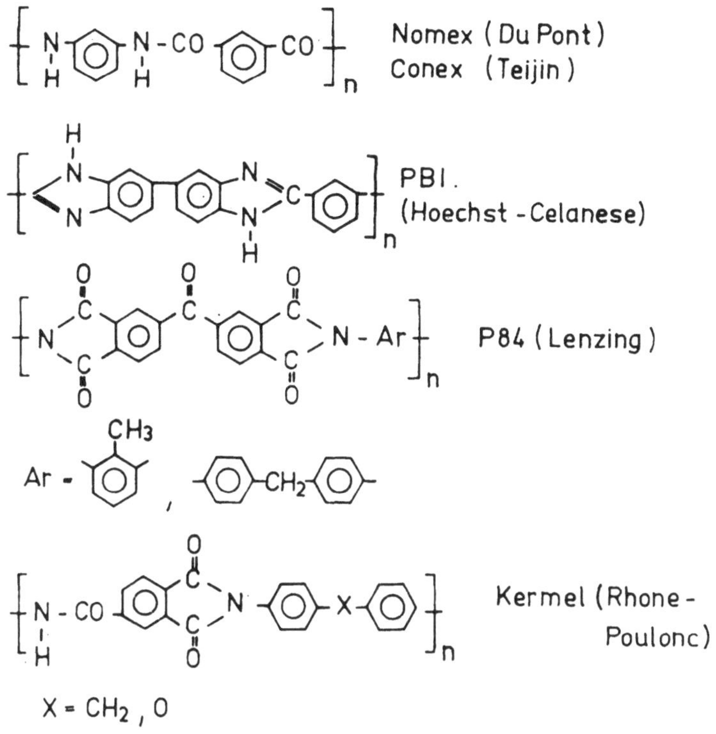

Abb. 6 Thermostabile Fasern

baut werden können, zählen darüber hinaus auch die Benzoxazole, Benzthiazole, Chinoxaline und Oxadiazole.

Ich möchte in meinen weiteren Ausführungen auf einen speziellen Typ dieser thermostabilen Polymeren, auf die aromatischen Poly-1,3,4-oxadiazole, etwas näher eingehen, ein Polymeres, mit dessen Synthese und Verarbeitung man sich auch bei uns im Institut schon einmal in den 70er Jahren recht intensiv beschäftigt hat [13], das heute wieder an Interesse und Aktualität gewinnt.

Die erste Synthese eines Poly(p-phenylen-1,2,4-oxadiazols) stammt von Frazer u. Mitarb. [14].

Wie in Abb. 7 wiedergegeben, wurde für die Herstellung eines hochmolekularen Polyoxadiazols anfänglich ein Zweistufenverfahren gewählt, bei dem primär aus entsprechendem Säurechlorid und -dihydrazid das Polyhydrazid gewonnen und dieses dann zum Polyoxadiazol cyclodehydratisiert wird. Einen wesentlichen Fortschritt gegenüber diesem Verfahren brachte die von Iwakura u. Mitarb. [15] erstmals beschriebene einstufige Synthese, bei der die aromatische Dicarbonsäure direkt mit Hydrazinsulfat in Oleum

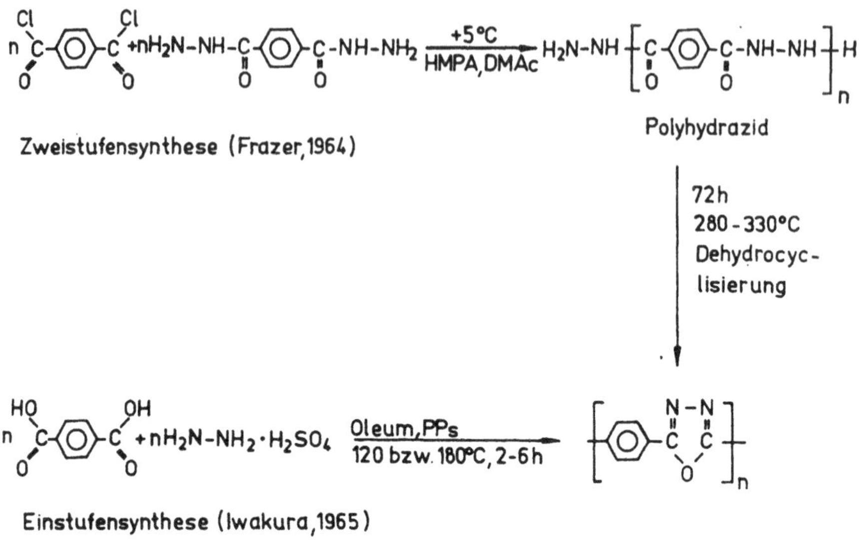

Abb. 7 Synthese von Poly(-p-phenylen-1,3,4-oxadiazol)

oder Pyrophosphorsäure zur Umsetzung gebracht wird. Diese Synthese wurde sehr eingehend auch von Korshak u. Mitarb. studiert und hat in der SU in Mytišči in der Nähe von Moskau zu einer kleintechnischen Produktionsanlage geführt.

Die aromatischen Polyoxadiazole sind thermisch sehr stabil und zerfallen und dies auch in Gegenwart von Sauerstoff erst oberhalb 450 °C mit merklicher Geschwindigkeit. Für die in Mytišči unter der Bezeichnung „Oxalon" produzierte Faser werden u. a. die in der Tab. 5 enthaltenen Kennwerte angegeben [16]:

Tabelle 5 Eigenschaften von Nomex und Oxalon

Eigenschaft		NOMEX	OXALON
Festigkeit	mN/tex	510	490 ... 685
Modul	N/tex	16,5 ... 18,1	29,4 ... 53,0
Dehnung	%	15 ... 22	4 ... 8
Dichte	kg/m³	1380	1430
Sauerstoffindex	%	28	30 ... 32

Wie zu ersehen ist, sind diese sehr ähnlich denen von Nomex und gestatten damit den Einsatz für eine ganze Reihe von interessanten Applikationen. Voraussetzung für eine Produktion ist (– wie auch in anderen Fällen –), daß die Synthese des Polymeren und die Herstellung der Fasern reproduzierbar mit höchster Qualität sicher beherrscht wird. Dazu sind u. a. Kenntnisse zu den Mechanismen und Einflußfaktoren beim Polymerauf- und -abbau sowie zu Nebenreaktionen erforderlich.

Von Korshak u. Mitarb. [17] wurde für die Polykondensation der in Abb. 8 dargestellte Mechanismus vorgeschlagen.

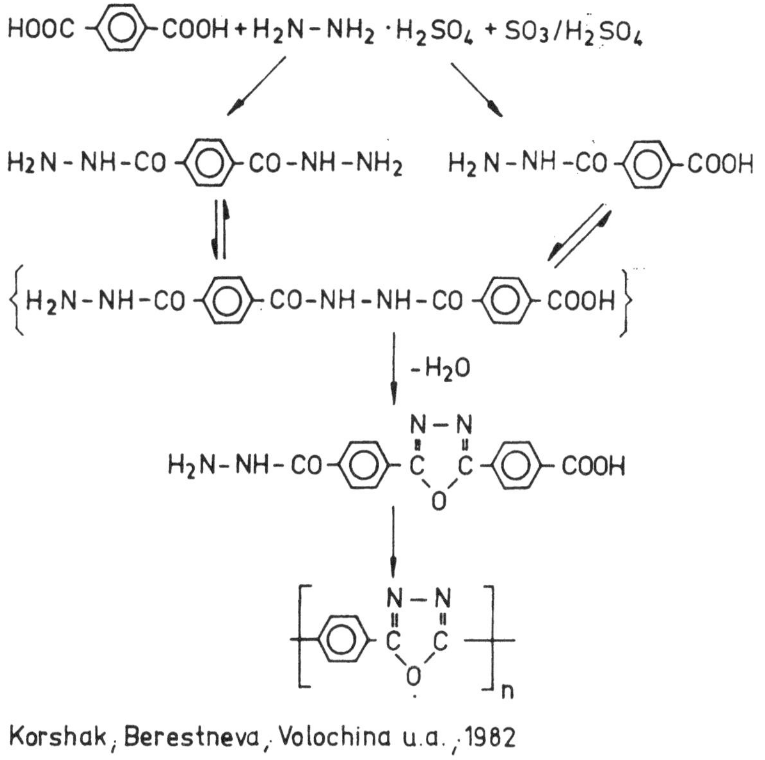

Abb. 8 Vorstellung zum Bildungsmechanismus von Poly(-p-phenylen-1,3,4-oxadiazol)

Es wird davon ausgegangen, daß der Kettenaufbau über Hydrazid-Endgruppen erfolgt. Das mittels NMR-Spektroskopie schon kurz nach Reaktionsbeginn beobachtete Auftreten von Oxadiazol-Einheiten wurde so interpretiert, daß die Cyclodehydratisierung der primär entstehenden Diacylhydrazid-Struktur wesentlich schneller als deren Neubildung erfolgt.

Eine Reihe bei uns u. a. an entsprechenden Modellverbindungen durchgeführte Untersuchungen machen aber deutlich, daß unter den Bedingungen dieser Oxadiazolsynthese die angenommenen Zwischenstufen nicht durchlaufen werden oder zumindest keine entscheidende Rolle spielen.

Wie wir zeigen konnten [18], tritt bei Einsatz des Monohydrazids oder von äquivalenten Mengen des Dihydrazids und der Dicarbonsäure unter sonst gleichen Bedingungen in Oleum keine oder nur eine sehr langsame Polykondensation ein.

Auch die Cyclodehydratisierung von Diacylhydraziden oder entsprechenden oligomeren Hydraziden zu Oxadiazolen erfolgt unter den Reaktionsbedingungen nur sehr langsam. Diese Befunde sowie weitere Untersuchungsergebnisse zum Einfluß von Menge und Konzentration einzelner Reaktionspartner auf die Reaktionsgeschwindigkeit und des sich einstellenden mittleren Molekulargewichts lassen vermuten, daß die Bildung des heterocyclischen Ringsystems in einer Art Synchronreaktion erfolgt. Neben hinreichenden Erkenntnissen über den Verlauf der Aufbaureaktion sind auch solche zum Abbauverhalten notwendig. Die Frage ist z. B., wie verhält sich das entstandene Polyoxadiazol im Oleum bzw. wie leicht wird es in Schwefelsäure unterschiedlicher Konzentration bei verschiedenen Temperaturen abgebaut.

Wie aus Abb. 9 ersichtlich ist, erfolgt in Oleum auch bei Temperaturen

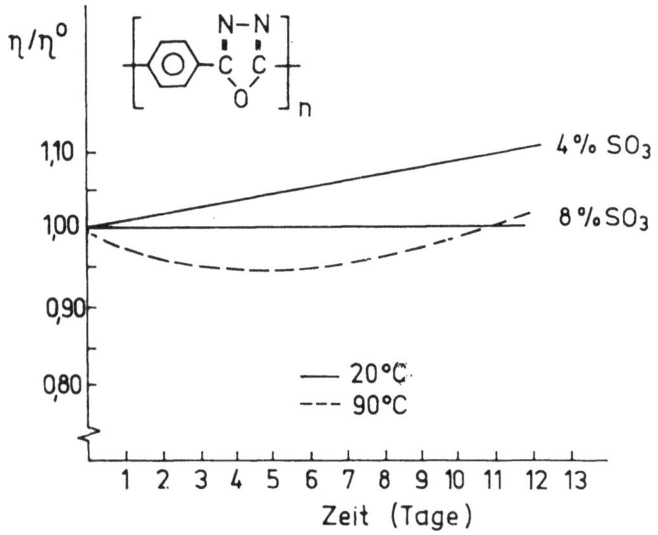

Abb. 9 Stabilität von Polyoxadiazol in Oleum

von 90 °C über 12 Tage kein Abbau. Die z. T. beobachteten Viskositätsänderungen weisen lediglich auf eine gewisse Nachkondensation hin. Das Polymere ist also unter diesen Bedingungen völlig stabil. Anders sieht die Situation (s. Abb. 10) aus, wenn das System Wasser enthält. Lösungen in einer 3–4% Wasser enthaltenden Schwefelsäure zeigen insbesondere bei höheren

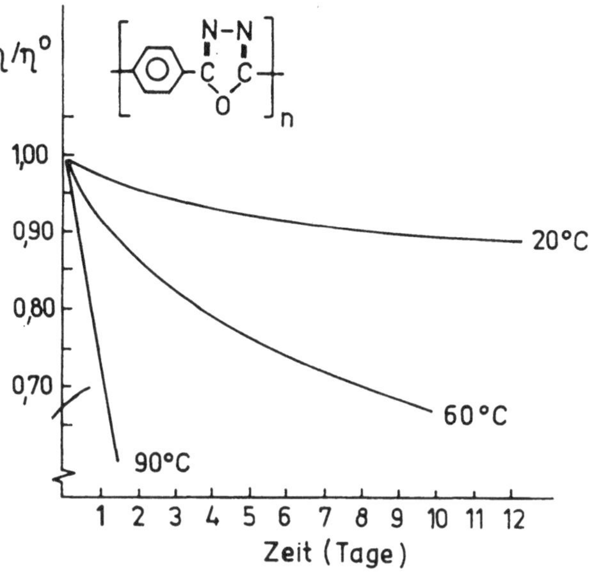

Abb. 10 Stabilität von Polyoxadiazol in 97%iger Schwefelsäure

Temperaturen einen deutlichen hydrolytischen Abbau. Der geschwindigkeitsbestimmende Schritt ist dabei die Öffnung des heterocyclischen Ringes [19].

Von besonderem Interesse ist bei diesem Polymer die Frage, ob es Bedingungen gibt, unter denen es in Lösung flüssigkristalline Phasen bildet bzw. ob mittels entsprechender physikalischer Methoden gegebenenfalls kombiniert mit einer chemischen Modifizierung Fasern erzeugt werden können, die bezüglich der mechanischen Kennwerte ein deutlich höheres Eigenschaftsniveau besitzen, als die bisher üblichen POD-Fasern. Die Applikationsmöglichkeiten würden sich damit naturgemäß erweitern.

Im Gegensatz zu ersten, inzwischen dementierten Hinweisen aus der Literatur über das Auftreten flüssigkristalliner Zustände in schwefelsauren Polyoxadiazol-Lösungen konnte nur festgestellt werden, daß in dem der Untersuchung bisher zugänglichen Konzentrationsbereich (Polymergehalt ca. 20%) sich lediglich Kristallsolvate des Polymeren mit der Schwefelsäure ausbilden [20]. Der Molekülaufbau ist zwar sicherlich relativ starr und unbeweglich, die beim reinen p-Phenylen-Produkt am Oxadiazolring auftretende Abwinklung der Kette ist mit α ca. 47° [21] relativ stark. In den Lösungen liegen daher keine ausreichend langen gestreckten Polymersegmente vor, wie sie eine Voraussetzung für die Ausbildung von nematischen Phasen sind. Daß aber unter dem Einfluß starker Scherfehler auch bei diesem Polymeren ganz deutliche Orientierungs- und Ordnungseffekte erzielt werden können, zeigen erste Versuchsergebnisse. So wurden im bisher experimentell zugänglichen Bereich bei hinreichender Scherrate und entsprechender Polymerkonzentration ein beginnender Abfall der Viskosität registriert (s. Abb. 11).

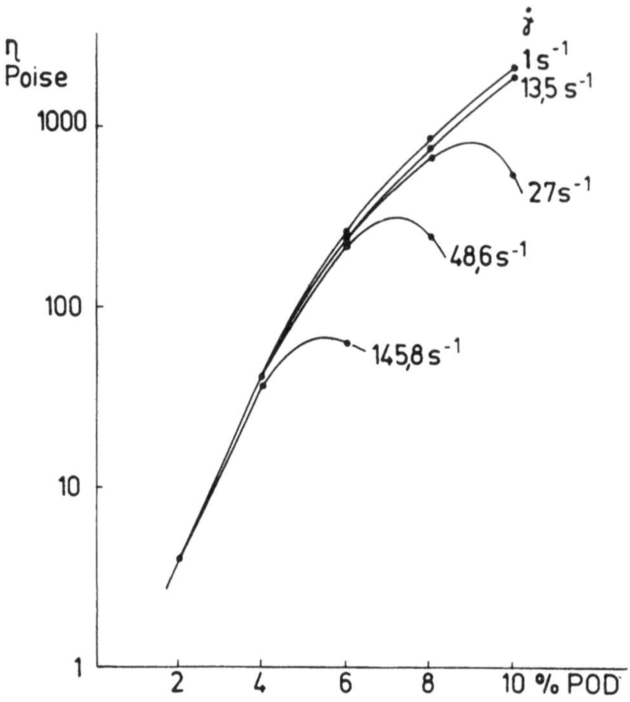

Abb. 11 Abhängigkeit der Viskosität von Polyoxadiazol-Lösungen in 95%iger Schwefelsäure von Konzentration und Scherung (T = 50 °C)

Auch Strömungsdoppelbrechungsuntersuchungen lassen den Schluß zu, daß das thixotrope Verhalten der Lösung auf Strukturveränderungen infolge der Scherung zurückzuführen ist. Wie aus Abb. 12 zu ersehen ist, tritt mit steigender Scherrate eine starke Zunahme der Doppelbrechung ein [22].

Die Voraussetzungen zur Ausbildung günstiger übermolekularer Strukturen lassen sich aber sicher auch durch eine chemische Modifizierung verbessern. In Übereinstimmung damit steht die Beobachtung, daß Fäden höherer Festigkeit erhalten werden, wenn ein gewisser Anteil (bis zu 30%) an Isophthalsäure eingebaut wird, was zu einer geradkettigen Anordnung führt oder die Beweglichkeit in einer Kette durch Realisierung eines Anteils von 50% an N-Methylhydrazid-Strukturen erhöht wird. Diese Beispiele machen deutlich, daß sowohl Untersuchungen zur gezielten Verbesserung der Orien-

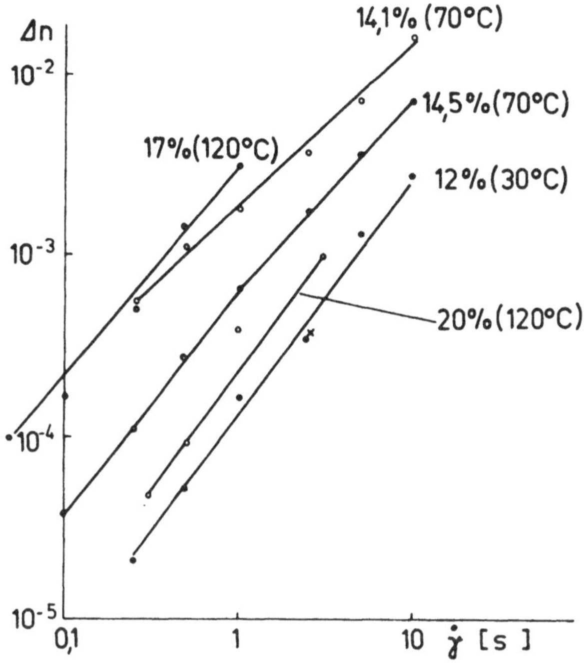

Abb. 12 Strömungsdoppelbrechung konz. Polyoxadiazol-Lösungen

tierung im Prozeß der Fadenbildung als auch zur Modifizierung der chemischen Struktur erfolgversprechend sind.

Neben der Temperaturstabilität weisen die aromatischen Polyoxadiazole noch weitere interessante Eigenschaften auf. Ich möchte an dieser Stelle nur erwähnen, daß sich die aromatischen Polyoxadiazole auch besonders gut zur Herstellung hochwertiger C-Fasern sowie hochleitfähiger Graphitschichten eignen und komme damit zu den Kohlenstoff-Fasern, einem 3. Typ von Hochleistungsfasern, deren Anwendung als Verstärkungsmaterial in Hochleistungsverbunden ständig neue Einsatzgebiet erobern. Ausgangspunkt für die Herstellung der C-Fasern können verschiedene Materialien sein, von Pech- über Cellulose- bis zu Oxadiazolfasern, wobei heute PAN als Precursormaterial die größte Bedeutung hat [23]. Abb. 13 macht deutlich, wie die C-Faserproduktion in den letzten Jahren stark ausgeweitet wurde und wie sich die Applikationsgebiete erweitert haben.

Die derzeitigen Trends (s. Abb .13) zeigen, daß wir hier erst am Anfang einer Entwicklung stehen. Typisch für die Entwicklung ist, daß einerseits verstärkt billigere C Fasern mit einem geringerem Eigenschaftsniveau, z. B. auf Basis Pechfasern produziert und eingesetzt werden und andererseits eine rasche Entwicklung zu Produkten mit immer höheren Modul- und Festig-

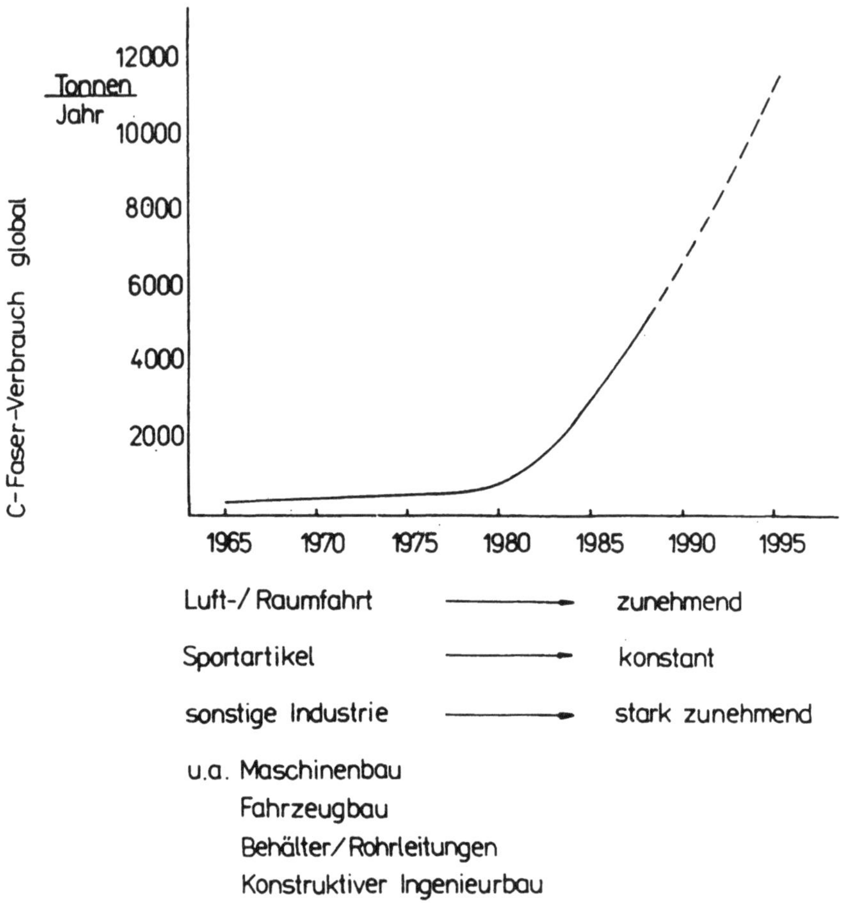

Abb. 13 Entwicklung C-Faser-Verbrauch und -Anwendung

keitswerten zu verzeichnen ist. Kohlenstoffasern mit Spitzenparametern werden international auf Basis von PAN hergestellt, wobei detaillierte Angaben zum Precursormaterial und zum Herstellungsprozeß natürlich nicht publiziert sind. Der Prozeß der Umwandlung des PAN- in den C-Faden läuft im Prinzip in 2 Hauptstufen ab. In der 1. Stufe, der sog. Stabilisierung, wird das PAN durch eine thermisch oxydative Behandlung in ein unschmelzbares und unbrennbares Produkt überführt. In der 2. Stufe erfolgt dann bei wesentlich höheren Temperaturen in einer Inertgasatmosphäre die Karbonisierung.

Zur Erzielung der hohen mechanischen Kennwerte müssen die auf dem Wege vom PAN- zum C-Faden ablaufenden chemischen und physikalischen Vorgänge so gesteuert werden, daß die sich ausbildenden übermolekularen

Strukturen in der erforderlichen Ordnung und Orientierung mit hoher Perfektion und Fehlerfreiheit entstehen. Dabei stellt sich natürlich auch die Frage, welche Voraussetzungen dafür bereits der Precursor, der PAN-Faden, mitbringen muß. Ich kann hier nur auf einige grundsätzliche Probleme einschließlich offener Fragen eingehen und dabei versuchen zu zeigen, mit welchen Methoden bestimmte Fragestellungen angegangen werden können und welche Ergebnisse bzw. Aussagen dabei erbracht wurden.

Bezüglich des Precursors liegen heute umfangreiche experimentelle Ergebnisse vor, die belegen, daß der PAN-Faden, seine Zusammensetzung und Vorgeschichte einen erheblichen Einfluß auf das Endergebnis hat [24]. Ohne Übertreibung kann man sagen, der C-Faden ist immer nur so gut wie sein Precursor. Defekte des PAN-Fadens (Hohlräume, Einschlüsse o. dgl.) lassen sich in den Folgestufen kaum ausheilen.

Ich möchte in diesem Zusammenhang aber auch auf einige noch immer nicht ganz eindeutig beantwortbare Fragen bezüglich der PAN-Struktur selbst verweisen. Bekanntlich läßt sich wegen der unzureichenden dreidimensionalen Ordnung des PAN im Festkörper die physikalische Struktur mit üblichen Methoden der Röntgenkristallstrukturanalyse nicht eindeutig klären. Es werden daher nach [25] sehr unterschiedliche Strukturvorstellungen kontrovers diskutiert.

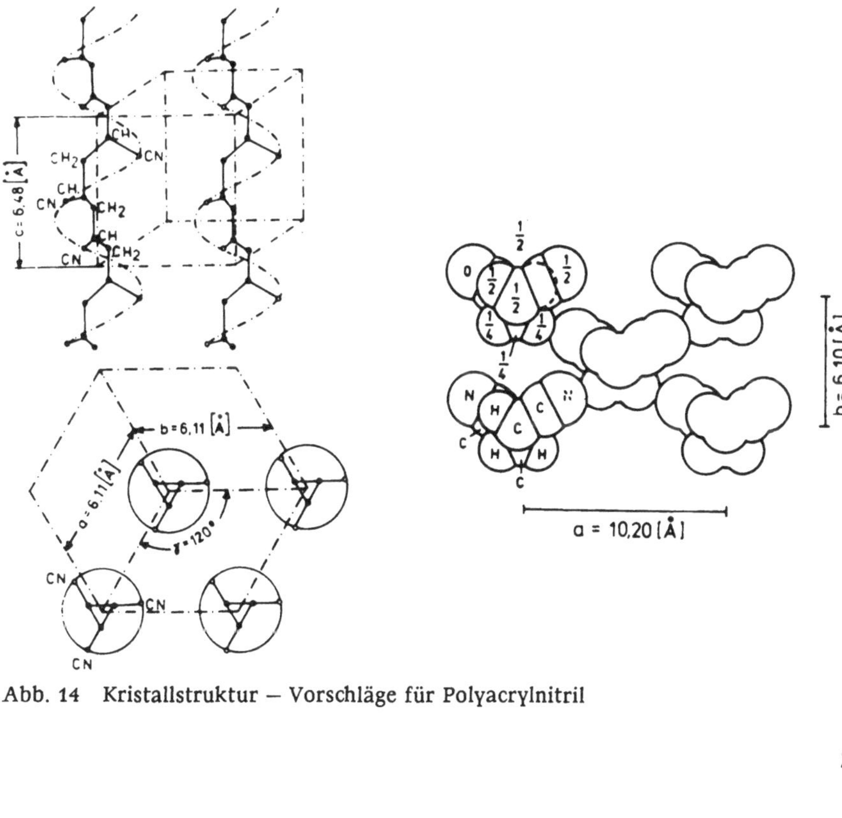

Abb. 14 Kristallstruktur – Vorschläge für Polyacrylnitril

Dazu gehört die in Abb. 14 links dargestellte helikale Kette in hexagonaler Elementarzelle sowie die rechts wiedergegebene orthorhombische Elementarzelle mit planarer Zick-Zack-Konformation der Einzelkette. Beides ist sicher nicht richtig, da das normale PAN keine kristalline Struktur ausbildet. Die Ursache dafür dürfte in dem durch das Herstellungsverfahren (radikalische Polymerisation) bedingten irregulären Molekülaufbau des normalen PAN's zu suchen sein. Einige bei uns in Kooperation mit der TH Leuna-Merseburg inzwischen durchgeführte quantenchemische Berechnungen zur Konformationsenergieoptimierung ergeben, daß für das ataktische PAN eine planare Zick-Zack-Konformation generell unwahrscheinlich ist und die energetisch günstige Struktur der Einzelkette bei Vorliegen einer unregelmäßigen Helix erreicht wird, wie sie Abb. 15 wiedergibt [26].

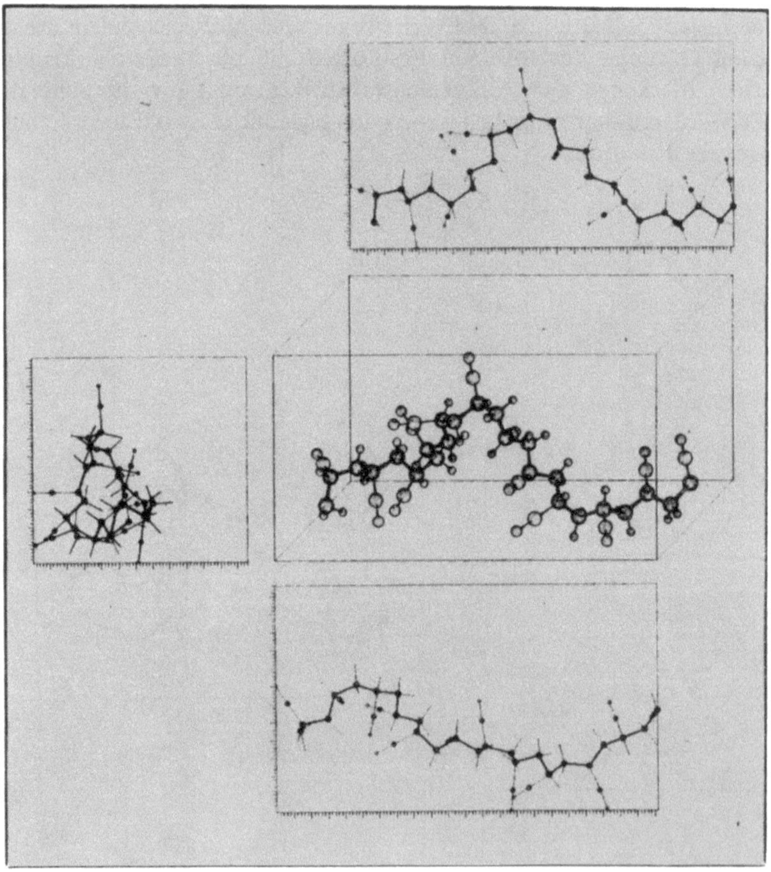

Abb. 15 PCILO-energieoptimierte Polyacrylnitril-Einzelkettenkonformation

Wie gezeigt werden konnte, stimmen die auf Basis eines solchen Strukturmodells berechneten und experimentell ermittelten Röntgenstreufunktionen und Strukturfunktionen gut überein [27].

Ich möchte nun kurz auf den Vorgang der sog. Stabilisierung des PAN-Fadens eingehen. Ziel dieser für die Qualität des C-Fadens wichtigen Stufe ist die Überführung des Precursors in ein unbrennbares und unschmelzbares Material, das dann bei den erforderlichen hohen Temperaturen ohne Schädigung bzw. Zerstörung der Faserstruktur der Karbonisierung unterworfen werden kann. Die im Temperaturbereich von 150 bis maximal 300 °C unter Luftzutritt durchgeführte Stabilisierung stellt eine chemische Umwandlung dar, bei der Cyclisierungs- und Oxydationsreaktionen ablaufen. Der Fortgang dieser Reaktionen läßt sich mittels IR und NMR recht gut verfolgen [28]. Eine exakte Auswertung derartiger Ergebnisse läßt neben der Ermittlung von neu entstandenen Strukturelementen auch eine ungefähre Abschätzung ihrer Anteile am Gesamtprodukt zu. Die dabei erzielten Ergebnisse verdeutlicht Abb. 16.

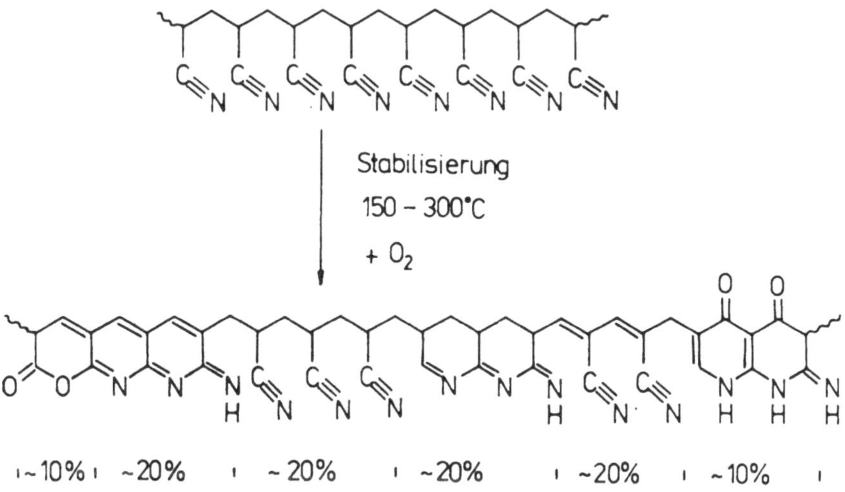

Abb. 16 Strukturveränderungen bei der sog. Stabilisierung von Polyacrylnitril

Wie zu ersehen ist, erfolgt bei der Oxydation neben Dehydrierungsschritten auch eine Einführung von Sauerstoff-Funktionen. Außerdem zeigte sich, daß die Cyclisierung keineswegs vollständig ist, neben den kondensierten heterocyclischen Ringen von jeweils maximal 5 Einheiten sind auch noch aliphatische offenkettige Strukturelemente in größerem Umfang vorhanden.

Nicht berücksichtigt sind in Abb. 16 intermolekulare Hauptvalenzbindungen, die infolge der Stabilisierung ebenfalls auftreten und besonders das Schrumpfverhalten des Fadens während der Stabilisierung beeinflussen [23].

Durch Einsatz von Röntgenweit- und -kleinwinkelstreuung ließen sich darüber hinaus Aussagen zu den gleichzeitig ablaufenden morphologischen Veränderungen gewinnen. So verschwindet bei der Weitwinkelstreuung mit zunehmender Stabilisierung die für das PAN typische Interferenz (s. Abb. 17), während ein breiter Reflex der Kohlenstoff-Schichtstruktur erscheint. Aus diesem läßt sich die Bildung von Schichten mit einem Schichtabstand von

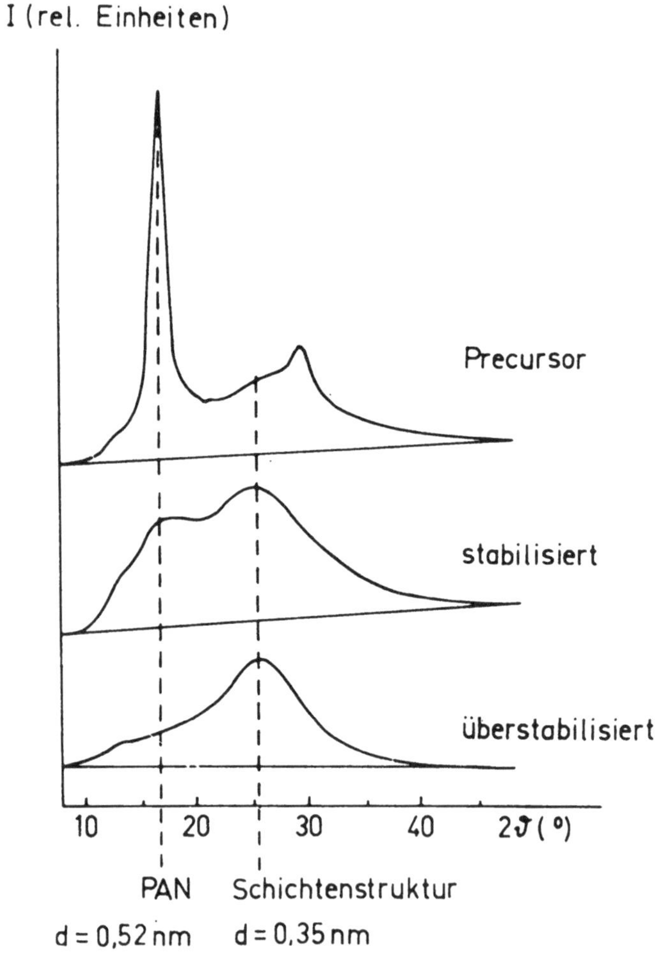

Abb. 17 Veränderung der Röntgenweitwinkelstreuung bei der „Stabilisierung" von Polyacrylnitril

etwa 0,35 nm berechnen. Da dies dem Schichtabstand einer aufgeweiteten Graphitstruktur entspricht, ist anzunehmen, daß die räumliche Struktur der Karbonfaser bereits in diesem Stadium vorgebildet wird. Interessant und wichtig ist auch der Befund, daß die Strukturumwandlung nicht statistisch über die ganze Fadenlänge und -breite in gleicher Weise einsetzt und abläuft. Es läßt sich ganz eindeutig an Hand von Röntgenkleinwinkeldiagrammen nachweisen (s. Abb. 18), daß bei dem Prozeß intermediär in Faserrich-

PAN – Precursor partiell stabilisiert vollständig stabilisiert

Abb. 18 Veränderung der Röntgenkleinwinkelstreuung bei der „Stabilisierung" von Polyacrylnitril

tung alternierend Bereiche unterschiedlicher Dichte auftreten, zu erkennen an den deutlichen zusätzlichen Reflexen bei teilstabilisierten Produkten. Dieses Phänomen läßt sich erklären, wenn man davon ausgeht, daß auch im PAN ein zweiphasiger Aufbau, wie er für andere Synthesefasern bekannt ist, vorliegt. Es kann sich dabei im Falle des PAN allerdings nur um den Wechsel von zweidimensional lateral geordneten, quasi flüssigkristallinen mit völlig ungeordneten amorphen Bereichen handeln. Für die gewünschte Orientierung der Graphitschichten im C-Faden in Faserrichtung ist offensichtlich wichtig, daß eine möglichst hohe laterale Ordnung und eine weitgehende uniaxiale Orientierung der diskutierten helixförmigen PAN-Moleküle im Ausgangsmaterial sichergestellt ist und möglichen Relexationsvorgängen bei der Stabilisierung wirksam begegnet wird. Mit Hilfe der Röntgenkleinwinkelstreuung konnte außerdem gezeigt werden, daß bezüglich des Hohlraumvolumens der Fäden im Prozeß der Stabilisierung keine großen Veränderungen eintreten, d. h. wenn dieser Prozeß optimal gefahren wird.

An diesen Beispielen wird deutlich, wie es durch Kombination der verschiedensten Untersuchungsmethoden gelingt, die Kenntnisse über chemische und physikalische Strukturveränderungen und deren zeitlichen Ablauf zu vertiefen. Auch wenn der Aufwand an dieser Stelle hoch ist, so ist dies doch unumgänglich, wenn wichtige Korrelationen zwischen verschiedenen Strukturen oder auch Defekten und den Eigenschaften des Endprodukts ermittelt und gezielte Maßnahmen zur Optimierung des technologischen Regimes abgeleitet werden sollen. Daß solche Bemühungen von Erfolg gekrönt sind, zeigen die inzwischen erzielten Ergebnisse. Ich möchte dies an dieser Stelle jetzt nicht weiter vertiefen, sondern abschließend nur noch einmal betonen, daß es bei der Herstellung von Hochleistungsfasern im Prinzip immer darum ging und geht, die Methoden zum gezielten Aufbau gewünschter molekularer und übermolekularer Strukturen einschließlich der dazu erforderlichen Charakterisierung entscheidend zu verbessern. Gleichzeitig gehört dazu die Entwicklung geeigneter Technologien zur Umsetzung der gewonnenen Erkenntnisse in die Praxis.

Auf den internationalen Märkten sind derartige Spezialfasern sehr gefragt, und es ergeben sich für diese Produkte sicher auch in den nächsten Jahren erhebliche Zuwachsraten. Ein Ende dieser Entwicklung ist nicht abzusehen. Sicher werden mit der Ausweitung der Produktion die Preise rückläufig sein und gleichzeitig die Anwendungsgebiete wesentlich größer werden. Es zeichnet sich bereits heute ab, daß ohne derartige Spezialfasern und die auf ihrer Basis herstellbaren Hochleistungsverbundwerkstoffe die

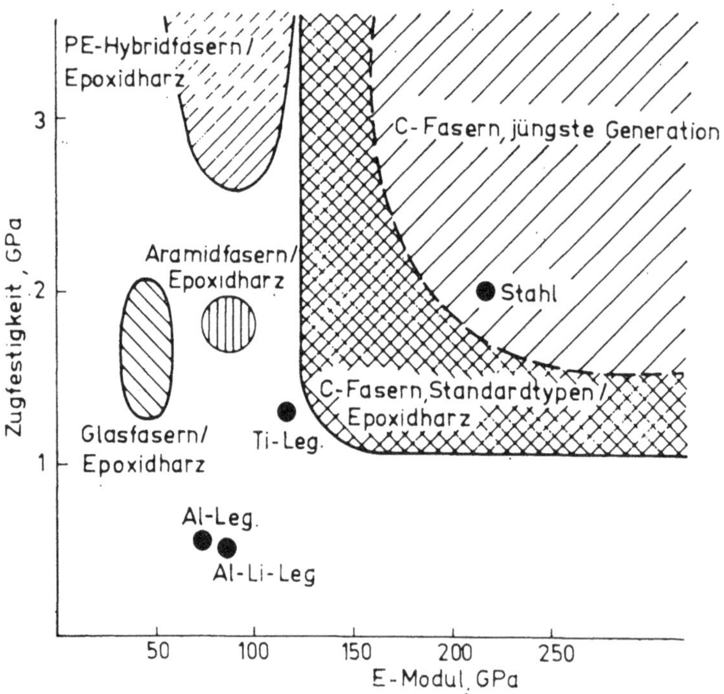

Abb. 19 Eigenschaftskennwerte polymerer Hochleistungsverbunde im Vergleich mit metallischen Werkstoffen

Entwicklung moderner weltmarktfähiger Erzeugnisse auf verschiedenen Gebieten u. a. im Maschinen- und Fahrzeugbau künftig kaum noch möglich sein wird. In welchem Bereich die Absolutwerte der Festigkeit und des E-Moduls für derartige Polymerverbunde bereits heute liegen im Vergleich zu üblichen metallischen Werkstoffen, zeigt Abb. 19.

Aufgetragen sind hier Absolutwerte. Die Überlegenheit wird noch deutlicher, insbesondere hinsichtlich des Masse-Leistungs-Verhältnisses, wenn man die erheblich geringere spez. Dichte der polymeren Werkstoffe berücksichtigt.

Ich möchte meine Ausführungen damit beenden und Ihnen, lieber, verehrter Herr Klare, auch von dieser Stelle aus nochmals alles Gute wünschen, vor allem eine stabile Gesundheit und persönliches Wohlergehen.

Literatur

[1] A. J. Pennings, J. Polym. Sci. **C 16**, 1799 (1967).

[2] A. Zwijnenburg, A. J. Pennings, Colloid & Polymer Sci. **254**, 868 (1976).

[3] P. Smith, P. J. Lemstra, J. Mater. Sci. **15**, 505 (1980).

[4] P. Smith, P. J. Lemstra, Polymer **21**, 1341 (1980).

[5] B. Kalb, A. J. Pennings, J. Mater. Sci. **15**, 2584 (1980).

[6] J. Smook, A. J. Pennings, Colloid & Polymer Sci. **262**, 712 (1984).

[7] C. Sawatari, M. Matsuo, Colloid & Polymer Sci. **263**, 783 (1985).

[8] P. J. Barham, A. Keller, J. Mater. Sci. **20**, 2281 (1985).

[9] E. Schulz, A. Bauer, D. Hofman, Acta Polymerica **39**, 181 (1988).

[10] D. Hofmann, E. Schulz, Polymer **30**, 1964 (1989).

[10a] A. J. Pennings, J. Polymer Sci. (Symposia) **59**, 55 (1977).

[11] E. Walenta, D. Hofmann, D. Zenke, D. Geiß, Acta Polymerica **40**, 308 (1989).

[12] M. Rätzsch, Arb. Plenum Kl. AdW DDR **12** (15), 2 (1987).

[13] E. Leibnitz, E. Baum, G. Reinisch, S. V. Vinogradova, D. R. Tur und V. V. Korshak, Faserforsch. u. Textiltechn. **27**, 507 (1976).
E. Leibnitz, S. V. Vinogradova, G. Reinisch, V. V. Korshak u. a., DD 118 106 vom 12. 2. 1976 (22. 7. 74).

[14] A. H. Frazer u. F. T. Wallenberger, J. Polymer Sci. **A2**, 1147 (1964).

[15] Y. Iwakura, K. Uno u. S. Hara, J. Polymer Sci. **A3**, 45 (1965).

[16] G. A. Budnickij, Sow. Beiträge zur Faserforsch. u. Textiltechn. **19**, 421 (1982).

[17] V. V. Korshak, G. L. Berestneva, A. V. Volochina et al., Vysokomol. Soed. **A24**, 36 (1982).

[18] B. Schulz, E. Leibnitz, J. Dahlmann, B. Dietzel, H. E. Seyfarth u. E. Wiesener, „Synthese und Hydrolyseverhalten von Polyoxadiazolen", 12. Mikrosymposium Polykondensation, Schwerin 4.–7. 4. 1989.

[19] B. Schulz, E. Leibnitz u. J. Dahlmann, „Zum Hydrolyseverhalten von Polyoxadiazolen", Hauptjahrestagung der Chem. Ges. d. DDR, Gera 16. 18. 11. 1988.

[20] H. Schelle, D. Hofmann, P. Weigel, Acta Polymerica **40**, 451 (1989).

[21] N. J. Popik, Vysokomol. Soed. **825**, 38 (1983).

[22] H. Schelle, J.-P. Melior, P. Weigel, Acta Polymerica **40**, 521 (1989).
[23] E. Fitzer u. M. Heine, Fibre Reinforcements for Composite Materials, (Ed. A. R. Bunsell), Elsevier, Amsterdam 1988, S. 73–149.
[24] D. J. Thorne, Handbook of Composites, Vol. 1 – Strong Fibres (Ed. W. Watt, B. V. Perov), Elsevier, Amsterdam 1985, S. 479–494.
[25] W. Wegener u. R. Merkle, Z. f. ges. Textilindustrie **73**, 199 (1971).
[26] J. Ganster u. R. Lochmann, Polymer **31**, 1159 (1990).
[27] J. Ganster, H.-P. Fink u. I. Zenke, Polymer im Druck.
[28] H.-P. Fink, E. Walenta, K. Frigge, A. Büchtemann, u. P. Weigel, Acta Polymerica, **41**, 375 (1990).

Klaus Seydewitz

Die Entwicklung der Polyamidseidenproduktion im Chemiefaserkombinat Schwarza

Sehr verehrter Herr Professor Klare!
Herr Präsident!
Verehrte Anwesende!

Es ist mir eine große Freude, daß ich als Vertreter der Chemiefaserindustrie hier heute zu Wort kommen darf.

Ich möchte davon ausgehen, daß Ihr persönliches Schaffen, sehr geehrter Herr Professor, Ihr weitsichtiges Wirken in unserer Industrie und der Akademie der Wissenschaften maßgeblich dazu beigetragen haben, daß sich die Produktion von Chemiefaserstoffen in unserer Republik sehr erfolgreich entwickelt hat. Das ist vor allem bewiesen durch Ihre gelungenen Buchveröffentlichungen, wie „Synthetische Fasern aus Polyamiden" und „Geschichte der Chemiefaserforschung". Insbesondere in der „Geschichte der Chemiefaserforschung" haben Sie, verehrter Professor, aus eigenem Erleben umfassend Probleme und Ergebnisse der Forschung und Produktion von Faserstoffen beschrieben.

Nicht zufällig habe ich als Thema meines Vortrages die Entwicklung der Produktion von Polyamidfaserstoffen im Chemiefaserkombinat Schwarza gewählt, denn mit der Entwicklung dieses Synthesefaserstoffes sind entscheidende Stationen Ihres Lebens eng verbunden. Ich darf das mit Ihren eigenen Worten begründen, indem ich aus Ihren „Erinnerungen an Schwarza" vom 23. 8. 1979 zitiere: „Ich wollte vor allem darüber berichten, was mich heute noch an Schwarza bindet, die Wiederaufnahme der Polyamidseidenproduktion." Und Sie sagten weiter: „Die ersten Jahre nach 1945 waren für mich die glücklichsten, deren Intensität, deren Schwung und deren gewisse Unbekümmertheit, mit denen wir damals die unmöglichsten Probleme angingen, ich mir bisweilen zurückwünschte."

Als der Krieg zu Ende ging, stand im damaligen „Thüringer Kunstfaserwerk" noch eine kleine Rostspinnmaschine, deren Produktion für Kriegszwecke verwendet worden war. Mit tatkräftiger Hilfe der sowjetischen Militäradministration wurde diese Spinnmaschine im September 1945 wieder angefahren. Wenn ich wieder Ihre Worte wählen darf: „Worauf richteten wir unsere Anstrengungen damals? Es ging im wesentlichen um Qualitätsverbesserungen der erzeugten Cordseide und um Erzeugnisse, die einen möglichst störungsfreien Betriebsablauf und eine gute Produktivität garantierten." (Zitat aus „Geschichte der Chemiefaserforschung", Seite 192f.)

Das ist die Grundsatzfrage, diese Frage stellen wir noch heute immer wieder für alle Faserstoffe, und sie wird auch künftig im Mittelpunkt der gesamten Arbeit stehen. Mit der Produktion von Polyamidcordseide war das damalige Kunstfaserwerk in Schwarza der erste Betrieb in Deutschland, der nach dem Krieg die Polyamidseidenproduktion wieder aufnahm. Sowjetische und deutsche Wissenschaftler arbeiteten gemeinsam angestrengt daran, um die gewonnenen Erkenntnisse der Polyamidcordseidenproduktion für einen textilen Einsatz in der Bekleidung, vordringlich für Strumpfseide, zu verwerten.

1947 konnten erste Erkenntnisse für den Aufbau einer Fabrik zur Herstellung von Polyamidfaserstoffen in Klin bei Moskau genutzt werden.

Bereits 1950 wurde von Prof. Correns, als damaligen Werkdirektor, und Ihnen, als wissenschaftlich-technischen Leiter, die erste Ausbaustufe zur Produktion von Polyamidseide angefahren.

Verehrte Anwesende!

Die Polyamidseidenproduktion von damals wies folgende 10 Prozeßstufen auf:

- diskontinuierliche Polymerisation von Caprolaktam im Autoklaven
- chargenweises Exrahieren von Monomeren und Oligomeren eines damals noch unmattierten Granulates
- chargenweises Trocknen
- Aufschmelzen des Granulates auf diphylbeheizten Rosten
- Spinnen unter undefinierten Abkühlungsbedingungen
- Vorzwirnen
- Recken
- Zwirnen auf 110 oder 320 D/m
- Extrawäsche auf Lochspulen
- Konen mit einer Bewicklungsmasse von 300 g

Diese Prozeßstufen haben noch heute prinzipielle Bedeutung.
Das Wesen der Weiterentwicklung bestand in folgendem:

- die Reihenfolge der einzelnen Prozeßstufen ist zum Teil verändert worden
- es sind neue technische und verfahrenstechnische Lösungen gefunden worden, neue hochproduktive Ausrüstungen und Apparate entwickelt worden
- es wurden mehrere Prozeßstufen in einen Arbeitsgang zusammengelegt

– es sind neue Wirkprinzipien entstanden, wie z. B.
  - kontinierlich arbeitende Prozeßstufen
  - verbesserter Fadenschluß mit Hilfe von Präparation oder Luftverwirbelung anstelle des aufwendigen textilen Zwirnprozeses und
– vor allem ist die Raum-Zeit-Ausbeute vervielfacht worden.

Besonders deutlich wird der durchlaufende Entwicklungsprozeß dargestellt an folgenden ausgewählten 4 Parametern:

1. Leistungsentwicklung der kontinuierlichen Polymerisationsaggregate nach Verweilzeit. Abb. 1
2. Leistungsentwicklung der kontinuierlichen Polymerisationsaggregate nach Durchsatz. Abb. 2
3. Entwicklung der Arbeitsgeschwindigkeiten in Spinnerei und Reckerei der PAS-ft-Produktion. Abb. 3
4. Entwicklung der Bewicklungsmasse in den Aufmachungseinheiten von PAS-ft für die Textilindustrie. Abb. 4

Die einzelnen Etappen der Entwicklung möchte ich nachfolgend skizzieren: Der Bedarf an Polyamidseide ist ständig angestiegen, denn diese Seide fand neben dem Damenstrumpf auch in Wirkerei und Weberei umfangreiche Einsatzgebiete.

Noch unter Ihre Leitung, Herr Professor, als Direktor des Werkes in Schwarza, wurden sowohl chemische und physikalische Grundkenntnisse als auch technisch-technologische Voraussetzungen dafür geschaffen, daß eine 2. Ausbaustufe 1954 in Schwarza angefahren werden konnte. Die wichtigste technologische Neuerung dieser Stufe bestand darin, daß von der diskontinuierlichen Autoklavpolymerisation zu der vollkontinuierlichen VK-Rohr-Polymerisation nach Ludewig übergegangen worden ist. In der Spinnerei ist ein Gazeschacht eingeführt worden, um eine kontrollierte Abkühlung der Fäden zu sichern, die zu hoher Gleichmäßigkeit führt. Ein Vorzwirnen vor dem Recken konnte dadurch entfallen.

1955 wurde vom Einfachspinnen zum Doppelspinnen (2 Fäden pro Spinnstelle) übergegangen. Das Vierfachspinnen für feinere Fäden war der nächste Schritt. Die Verbraucher von Polyamidseide bemängelten den unerwünschten Glanz der Faser, so daß ein Verfahren zur Mattierung der Schnitzel erprobt werden mußte. Ich kann aus eigener Erfahrung sagen: Harte und angestrengte Arbeit war sicher notwendig, um den Prozeß „Mattierung" unter damaligen Bedingungen zu beherrschen.

Es wurde eine optimale Lösung gesucht.

– Das Aufpudern des Titandioxides im Schnitzeltrockner war der erste Weg.
– Die Herstellung eines hochmattierten Granulats im Autoklaven und anschließendes Vermischen mit unmattierten Schnitzeln genügte auch nicht den Anforderungen.

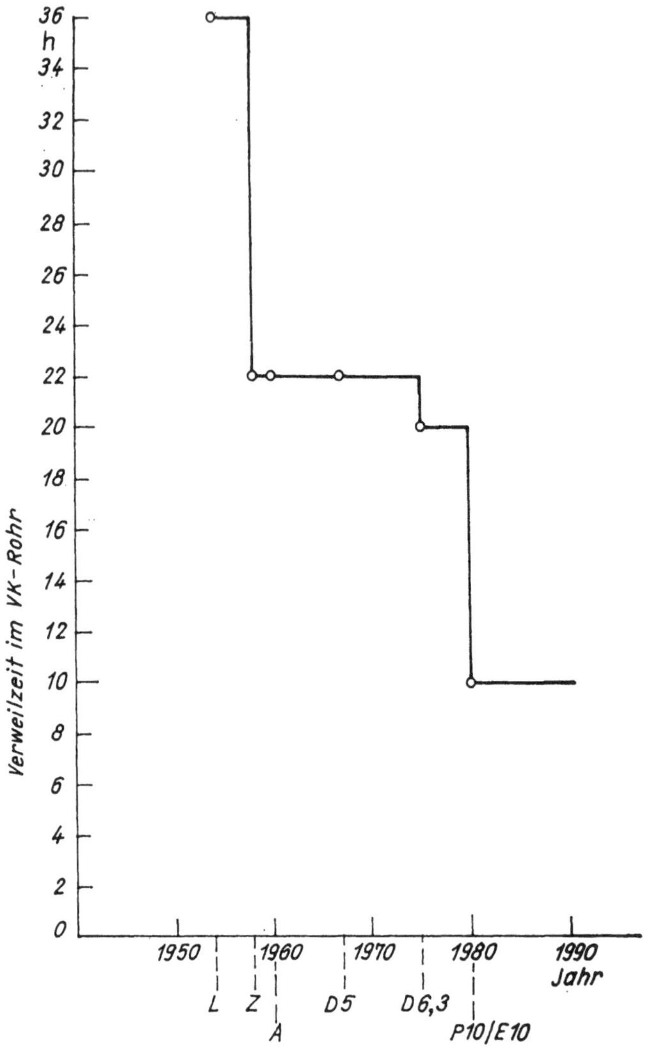

Abb. 1

– Das Prinzip der Zugabe von Titandioxid in das VK-Rohr wird noch heute angewandt.

Die Textilindustrie setzte zunehmend hochproduktive Textilmaschinen ein. Die rationellen Zwirnverfahren und das Falschdrahttexturierverfahren erforderten stetig eine höhere Qualität unserer Fäden.

Texturierte Polyamidseide brachte völlig neue Gebrauchswerteigenschaf-

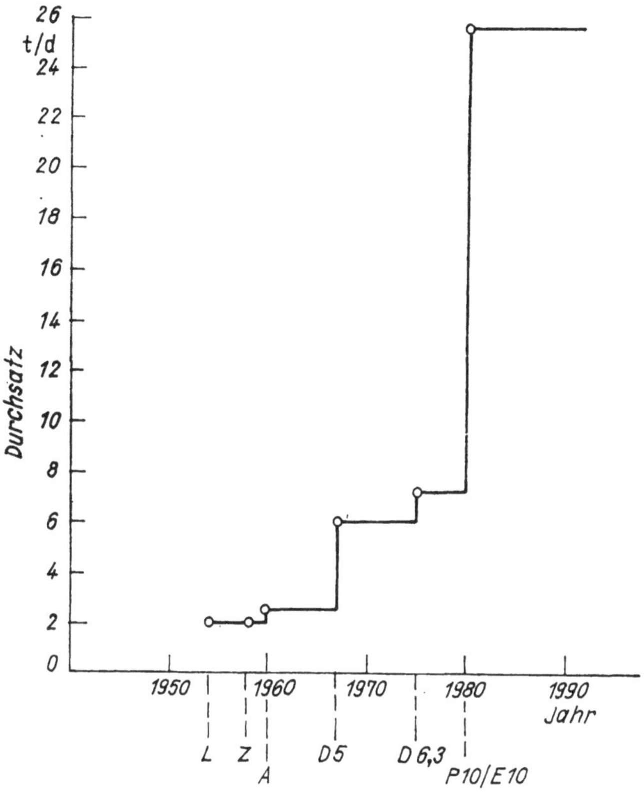

Abb. 2

ten. Die Fäden waren hochdehnbar, hochelastisch und verdrängten die Glattseide in der Strumpfindustrie fast völlig.

Für die Kettenwirkerei der Textilindustrie wurde Reckseide unmittelbar bei dem Chemiefaserhersteller geschärt und der Zwirnprozeß umgangen. Das war entscheidend dafür, daß die Zwirnerei und Konerei in Schwarza als Prozeßstufen eingespart werden konnten.

Eine 3. Produktionsanlage ist 1962 in Schwarza in Betrieb genommen worden. Anstelle von Kristall-Laktam ist Flüssiglaktam eingesetzt worden. Das Granulat ist pneumatisch von der Polymerisation in die Spinnerei transportiert worden, so daß schwere körperliche Arbeit beseitigt werden konnte.

In Guben wurde ein völlig neues Werk zur Herstellung von Syntheseseiden errichtet.

1964 lief dort die Polyamidseidenanlage an, Schwarza fungierte als Verfahrensträger. Viele Arbeiter und Ingenieure siedelten nach Guben um.

Die 2. Ausbaustufe im Chemiefaserwerk Guben und die Rekonstruktion

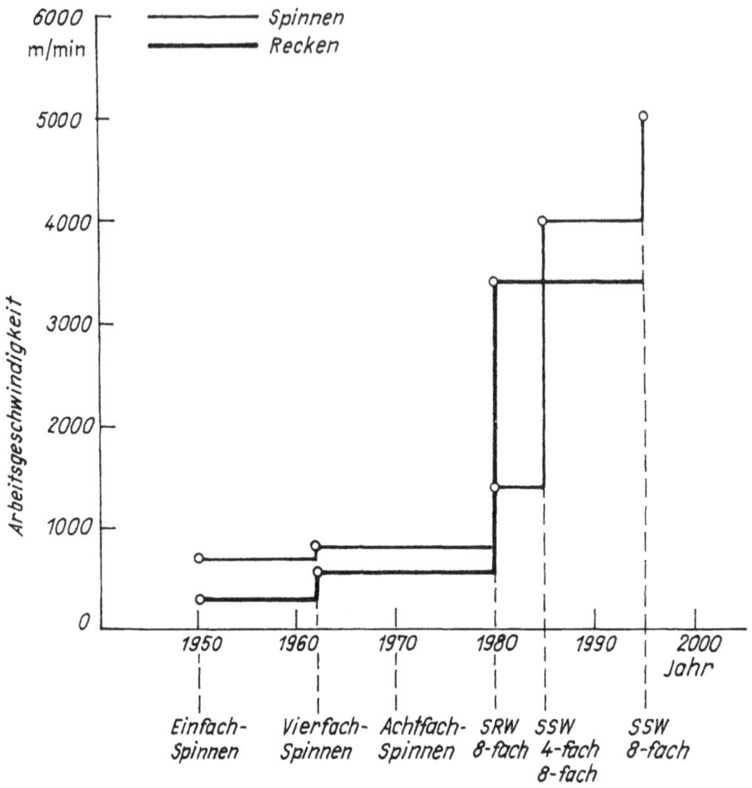

Abb. 3

in Schwarza zeichneten sich dadurch aus, daß Extruder für das Aufschmelzen des Granulates anstelle der diphylbeheizten Spinnroste zum Einsatz gelangten. Mit diesem Verfahren wurde es möglich, das Vierfachspinnen auch für grobe Titer zu sichern und die Spinnspulenmasse von 1–2 kg auf 5–6 kg sowie die Bewicklungsmasse der Kopse von 0,3 kg auf 2–3 kg zu steigern. Der Maschinenbau unserer Republik lieferte die dafür nötigen Aggregate.

Durch das Extruderspinnen gelang es, die thermische und thermooxidative Schädigung des Polyamides zurückzudrängen, so daß die Anzahl der Fadeninhomogenitäten (Spinnmasern und Fadenbrüche) stark gesenkt werden konnte. Das war überhaupt die entscheidende Voraussetzung, um die Arbeitsproduktivität sowohl beim Seidenhersteller als auch bei dem Verarbeiter in der Textilindustrie weiter zu steigern. Die höhere Arbeitsproduktivität in der Chemiefaserindustrie wurde zunehmend genutzt, um den textilen Ar-

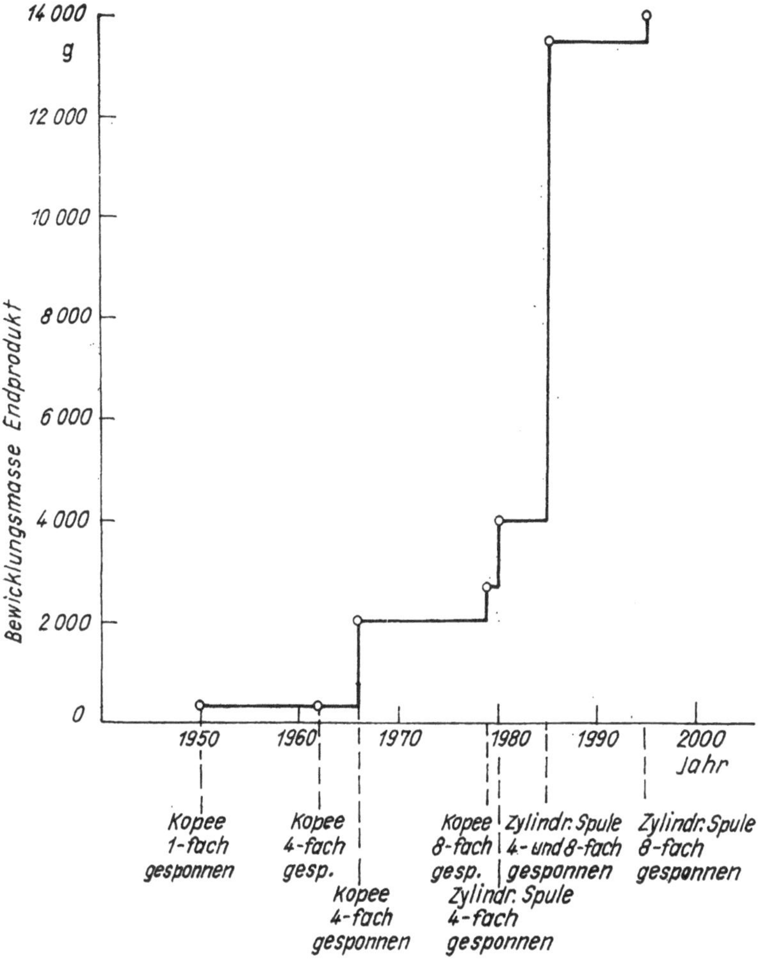

Abb. 4

beitsgang Schären in die Chemiefaserindustrie zu verlegen. Die Produktion konnte weiter gesteigert werden durch veränderte Konstruktion der Spinnbalken und eine neu entwickelte Aufspulmaschine für Achtfachaufwicklung. Neben diesen technischen Voraussetzungen sind für ein ausgereiftes Verfahren im Achtfachspinnen umfassende technische und technologische Optimierungsaufgaben durchgängig für den gesamten Prozeß gelöst worden.

Der bisher skizzierte Herstellungsprozeß wird als „klassisches Verfahren" bezeichnet, bei dem Spinnen und Recken als getrennte Arbeitsgänge mit Zwischenlagerung der Spinnseide erfolgt. Die Arbeitsproduktivität dieses Verfahrens in t/AK stieg von 1958–1975 auf das 7fache!

Verehrte Anwesende!

Die Schwerpunkte der Entwicklung in den letzten 10 Jahren lassen sich im wesentlichen wie folgt zusammenfassen:

- Entwicklung eines VK-Rohres mit entschieden höheren Leistungsparametern
- Integration der Prozeßstufen Extrahieren und Trocknen des Granulates (KET=*k*ontinuierliche *E*xtraktion+ *T*rocknung)
- Integration der Prozeßstufen Spinnen, Recken und Winden (SRW=*S*pinnen+*R*ecken+*W*inden)
- Produktion einer teilgereckten Seide, die für die Integration der Prozeßstufen Recken und Zwirnen dient (SSW=*S*chnellspinnen+*W*inden).

Der textil verwendbare Faden entsteht nun in 3 Prozeßstufen, die miteinander verbunden sind und vollkontinuierlich arbeiten.

Mit dem Polymerisationsverfahren P 10/E 10 wurde ein mehrstufiges Verfahren entwickelt, bei dem die Hydrolyse des Laktams bei hohem Wassergehalt mit einer Druckstufe durchgeführt wird. Danach wird die Schmelze entspannt, sie durchläuft eine Trocknungsstrecke, um im Nachkondensator das gewünschte Molekulargewicht zu erreichen. Die Tagesleistung solch eines Reaktors beträgt 28 bis 30 t. Die Verweilzeit des Caprolaktams im Reaktor konnte von rund 24 h auf ca. 8 h gesenkt werden.

Schon mehr als 30 Jahre liegt der Gedanke zurück, daß es gelingen muß, durch hohe Abzugsgeschwindigkeit des Fadens von der Spinneinrichtung eine hohe Orientierung zu erzielen. Das Ziel solch einer Entwicklung war, den Reckprozeß zu vermeiden. Solche experimentellen Untersuchungen im Institut für Faserstofforschung in Teltow zeigten, daß mit dem Schnellspinnen eine hohe Reißdehnung verbunden ist. Jedoch waren damals technische Ausrüstungen für Aufwindegeschwindigkeiten von mehreren Tausend m/min industriell nicht verfügbar.

Erst ab 1970 wurde es in Schwarza möglich, höhere Geschwindigkeiten zu realisieren. Zunächst wandte sich die Forschung dem Spinn-Reck-Winde-Verfahren zu. Der Faden wird entsprechend klassischem Verfahren mit ca. 1200 m/min abgezogen und zwischen zwei Galettenduos vor dem Aufwinden mit 3100 m/min gereckt. Das zweite Galettenduo ist beheizt, um den Faden nach dem Recken zu fixieren und einen sauberen Spulenaufbau zu ermöglichen. Die Seide nach diesem Verfahren vereint die Prozeßstufen Spinnen und Recken und sichert die textil-physikalischen Parameter entsprechend klassischer Seide für den Einsatz im Glattseidensektor. Drei Produktionsanlagen im Achtfachspinnen werden nach diesem Verfahren in Schwarza seit 1986 betrieben. Die SRW-Seide wird auf Teilkettbäumen den Abnehmern übergeben.

Das Schnellspinn-Winde-Verfahren (SSW) verlegt den Orientierungsprozeß des Fadens weitgehend in den Schacht. Eine Spinngeschwindigkeit von 4000–

5000 m/min ist damit zu verwirklichen. Die aufgewundene Seide besitzt etwa 65% Reißdehnung und wird nach dem Falschdrahtverfahren in der Textilindustrie mit integrierter Reckstufe texturiert. Die Arbeitsproduktivität erhöht sich gegenüber dem klassischen Verfahren auf 250%. 5 Produktionsanlagen im Achtfachspinnen sind in Schwarza seit 1986/87 in Betrieb.

Die produktionstechnische Beherrschung des Schnellspinnverfahrens erforderte intensive wissenschaftliche Arbeit. Ich möchte nur einige Probleme herausgreifen:

So galt es z. B. für den Polymerisationsprozeß, hohen Ansprüchen gerecht zu werden, um eine ausgezeichnete Produktqualität zu erzielen, wie minimale Verweilzeit, sparsamer Energieverbrauch, verbesserte Homogenität. Dazu ist es unbedingt erforderlich, über chemische Vorgänge exakte Kenntnis zu besitzen. Das Akademie-Institut in Teltow-Seehof hat viel dazu beigetragen und uns sehr unterstützt.

Ein weiteres Problem:

Das am Ende des Polymerisationsreaktors vorliegende chemische Gleichgewicht wird durch die folgende Extraktion und Trocknung gestört. Beim Wiederaufschmelzen im Spinnteil verändert sich das Molekulargewicht durch Nachkondensation oder Abbau und Extraktnachbildung. Das birgt die Gefahr in sich, daß die Schmelze in ihrer Viskosität räumlich und zeitlich beim Austritt aus der Spinndüse schwankt. Die Folge sind Spinnstörungen und Qualitätsminderungen, die u. a. zu ungleichmäßiger Anfärbbarkeit führen. Wenn solche Vorgänge nicht wissenschaftlich aufgeklärt sind, wird es unmöglich, Wege aufzuzeigen, um sie zu beherrschen.

Eine wichtige verfahrenstechnische Kenngröße dafür ist die Viskosität der Schmelze. In den Spinndüsen treten besonders hohe Scherbeanspruchungen auf, die durch das strukturviskose Verhalten der Schmelze hervorgerufen werden. Mit Hilfe rheologischer Untersuchungen mußten diese Verhältnisse geklärt werden. Der aus der Spinndüse ausgepreßte Schmelzestrahl wird durch äußere Kräfte abgezogen und von der Anblasluft abgekühlt. An dem 1. Fadenleitorgan nach der Düse muß der Faden eine Temperatur erreicht haben, die Störungen des Fadenlaufes durch unkontrollierte Deformationen oder Klebeeffekte vermeidet. Die am Faden angreifende Zugspannung ist definiert zu begrenzen, ebenfalls um unkontrollierte Deformationen zu verhindern.

Aus Berechnungen des Temperaturverlaufes am Faden und der Zugspannung, die sich aus dem viskosen Verformungswiderstand, der Beschleunigungskraft und der Luftreibungskraft zusammensetzen, läßt sich die erforderliche oder zulässige Schachtlänge in Abhängigkeit von der gewünschten Elementarfadenfeinheit bestimmen.

Längs des Spinnweges orientieren sich die Kettenmoleküle im Faden. Kristallisationsvorgänge setzen in der Regel erst bei dem aufgewundenen Fa-

den ein, unter bestimmten Bedingungen jedoch schon im Spinnfeld. Die Orientierung im Spinnprozeß bestimmt das Dehnungsverhalten des Fadens und ist daher eine wichtige Kenngröße für den folgenden Reckprozeß und für die Eigenschaften der fertigen Seide.
Der sich ausbildende Ordnungszustand beeinflußt ebenfalls den Prozeßablauf und neben anderen Größen auch die Farbstoffaufnahme des fertigen Fadens.

Zahlreiche Bemühungen im internationalen Maßstab waren darauf gerichtet, die Abkühlung des Fadens, die Kräfte und den Orientierungsprozeß am spinnenden Faden rechnerisch zu erfassen. Auch im Institut für Technologie der Polymere in Dresden und im Chemiefaserkombinat Schwarza wurden Modellansätze für den Fadenbildungsprozeß erarbeitet, die den praktisch ablaufenden Vorgang mit vertretbarer Genauigkeit beschreiben.

Auf den abgekühlten Faden wird Präparationsemulsion aufgetragen, die im wesentlichen aus Wasser und fettender Komponente besteht. Das Fett sorgt für ein günstiges Reibungs-Gleit-Verhalten und einem gewissen Fadenschluß für die weitere textile Verarbeitung.

Die gezielte Wasserdosierung ist bei Polyamiden entscheidend dafür, die Längenänderungen am aufgewundenen Faden zu beherrschen und damit eine Spule herzustellen, die fehlerlos abarbeitbar ist. Das ist ein sehr kritisches Problem des Polyamidseidenspinnprozesses, denn das Längenänderungsverhalten wird durch zwei sich überlagernde Faktoren bestimmt:

1. Mit steigender Orientierung erfährt der Polyamidfaden bei der Feuchteaufnahme eine zunehmende Längung.
2. Als gegensätzliche Tendenz dazu überlagert sich der Längung eine Verkürzung des Fadens mit zunehmender Orientierung infolge des Rückknäuelbestrebens der Moleküle.

Eine einwandfreie Spulenbildung ist nur dann möglich, wenn sich Längung und Verkürzung etwa die Waage halten. Dieser Zustand ist abhängig von der Spinngeschwindigkeit in 2 Teilbereichen, und zwar im klassischen Bereich bis etwa 1200 m/min und im Schnellspinnbereich bei 4000 bis 5000 m/min. Das Längenänderungsverhalten wird noch von anderen Größen beeinflußt, z. B. dem Molekulargewicht des eingesetzten Polyamides. Dieses steht in komplizierter Wechselwirkung mit den Kristallisationsvorgängen im Faden, so daß umfangreiche Untersuchungen nötig waren, um die notwendige Klarheit für die industrielle Praxis zu gewinnen.

Ich komme noch einmal auf das Problem der Spinn- und Laufsicherheit zurück. Das Spinnen von Fäden stellt einen Extremfall der Polymerverarbeitung dar. Aus der Schmelze wird ein sehr dünnes (20 μm Durchmesser), praktisch endloses Gebilde mit großem Oberflächen-Volumen-Verhältnis erzeugt. Das bedeutet am Beispiel des Achtfachspinnens mit einer Vollspulmasse von 7 kg und einer Vollspulausbeute von 90%, daß maximal 4 Fadenbrüche/t Seide auftreten.

Welch große Arbeit geleistet wurde und noch zu leisten ist, läßt sich daraus abschätzen, daß wir zwar an einer Anlage 15 kg Masse pro Spule realisieren, aber den Vollspulanteil müssen wir noch auf 98 bis 99% erhöhen.

Mikroskopische Bruchendenuntersuchungen haben gezeigt, daß der überwiegende Teil der Fadenbrüche durch Schmelzeinhomogenitäten verursacht wird, die durch polymereigene Vergelungen hervorgerufen werden. Deshalb ist es notwendig, hohe Reinheit und Homogenität des Polymerisates zu sichern.

Aber auch an die Gleichmäßigkeit der Seide selbst sind hohe Anforderungen zu stellen. So werden z. B. auf einem 45″ breiten Teilkettbaum 1150 Fäden nebeneinander zugleich aufgewunden. Weicht nur ein Faden in seiner Feinheit als Geometriefaktor in seiner molekularen oder übermolekularen Struktur merklich von den übrigen ab, so werden bei dem späteren Färben des Gewirkes 150 kg Material in der Qualität deutlich gemindert oder ganz verdorben.

Verehrte Anwesende!

Noch einige Worte über unsere künftigen Arbeiten.
Unser Forschungskollektiv in Schwarza stellt sich die Aufgabe, das Verfahren zur Herstellung von Polyamid-6-Feinseide weiter zu vervollkommnen und die dafür nötigen Ausrüstungen und Apparate zu modernisieren. Wir müssen die Arbeitsproduktivität noch entscheidend erhöhen und eine Vielzahl von Sortimenten neu- oder weiterentwickeln.

In den letzten Jahren haben wir mit den Vorhaben „Intensivierung der Produktion hochveredelter Chemiefaserstoffe" entscheidende Grundlagen geschaffen, um den Produktionsprozeß zu automatisieren.

In naher Zukunft ist der vollautomatisierte Betrieb zur Herstellung von Syntheseseiden zu entwickeln. Diese Aufgabe wird in enger Kooperation mit den Forschungseinrichtungen unserer Republik, dem Chemieanlagen- und Textilmaschinenbau gelöst.

Mit weiterentwickelten Spinnmaschinen streben wir im galettenlosen Aufspulverfahren für alle Titer Spulengewichte von mehr als 15 kg an. Die Abzugsgeschwindigkeit wird als nächste Etappe bei 5000 m/min liegen. Um die Ökonomie des Verfahrens deutlich zu verbessern, ist der Materialverbrauch drastisch zu reduzieren. Die derzeitigen Abfallwerte sollen um mindestens 4% gesenkt werden. Der Energieverbrauch wird nur noch zwei Drittel des Ist-Standes betragen.

Verehrter Herr Professor Klare!

Abschließend möchte ich sagen:
Ihr langjähriges Schaffen hat nicht nur die Arbeiten auf dem Polyamidseidengebiet aktiviert. Sie waren auch auf anderen Gebieten vorausschauender wissenschaftlicher Initiator.

Auf Ihren Rat hin haben wir uns in Schwarza Anfang der 80er Jahre dem stark verkümmerten Gebiet der Viskosefaserforschung wieder zugewandt. Unser großer Erfolg ist die Entwicklung von Ausrüstungen und Verfahren zur Herstellung von Modalfasern auf der Grundlage von DDR-eigenen Rohstoffen.

Durch harte Arbeit ist es uns gelungen, im Produktionsmaßstab Fasern zu produzieren, die in wesentlichen Kennziffern einer Qualität entsprechen, wie sie international als Weltspitze angesehen werden kann.

Stets haben Sie, Herr Professor, die Bedeutung der Cellulosefaserstoffe hervorgehoben. Diese wertvolle Faser ist weltweit immer mehr gefragt, den wachsenden Bedarf können wir nicht decken. Wir hatten uns also richtig entschieden.

Sehr geehrter Herr Professor!
Ich wollte heute hier schildern, was Sie damals mit Professor Correns in Schwarza begonnen und was wir in Ihrem Sinne weitergeführt haben. Ich hoffe, daß mir das gelungen ist.
Ich danke für Ihre Aufmerksamkeit.

Harry Schleicher

Herstellung von Fasern und anderen Produkten aus Regeneratcellulose

Nach dem Viskoseverfahren erzeugte Celluloseregeneratfasern stellen im Weltmaßstab und ganz besonders in unserer Republik einen erheblichen Anteil der Chemiefaserproduktion dar. Obwohl dieses Verfahren schon vor fast 100 Jahren erfunden wurde, hat seine erhebliche Variationsfähigkeit dazu beigetragen, daß einesteils bis in die Gegenwart der Herstellungsprozeß für Massenprodukte erheblich verbessert und daß anderenteils in letzter Zeit auch eine Reihe von hochveredelten Spezialprodukten neu entwickelt und in die Produktion überführt werden konnten. Eine wesentliche Voraussetzung dafür bildete die Erweiterung unserer Kenntnisse über Zusammenhänge und zur Beeinflussung von Lösungszustand der Viskose, Fadenbildungsmechanismus sowie Struktur und Eigenschaften der Regeneratcelluloseprodukte. Sie, verehrter Herr Klare, und weitere Arbeitsgruppen des Instituts für Polymerenchemie haben dazu einen wesentlichen Beitrag geliefert. Im nachfolgenden Vortrag soll daher besonders auf solche Erkenntnisfortschritte und Produktentwicklungen eingegangen werden, zu denen die erwähnten Arbeitsgruppen beigetragen haben.

Zum Viskoseprozeß gehören bekanntlich folgende Verfahrensstufen:

- Alkalisierung des Zellstoffs
- Vorreife der Alkalicellulose
- Xanthogenierung
- Lösen des Cellulosexanthogenats
- Filtration, Nachreife und Entlüftung der Viskose
- Verformung verbunden mit Koagulation und Zersetzung des Cellulosexanthogenats (Verspinnen und Reckung)
- Nachbehandlung der Regeneratcellulose

Die Struktur und Eigenschaften der Regeneratcelluloseprodukte werden im wesentlichen durch 3 Einflußgrößen festgelegt, und zwar durch

- den Lösungszustand der Viskose
- die Koagulations- und Regenerierungsbedingungen bzw. Spinn- und Reckbedingungen
- die Nachbehandlung und Trocknung

Für die Herstellung der verschiedenen Regeneratcelluloseprodukte ergeben sich unterschiedliche und spezifische Anforderungen an diese Parameter. Mit steigenden Anforderungen an die Qualität der zu erzeugenden Fasern erhöhen sich auch die Anforderungen an den Lösungszustand der Viskose. Das wurde erneut deutlich sichtbar bei der Entwicklung eines DDR-eigenen Verfahrens zur Herstellung von Modalfasern, d. h. von Celluloseregeneratfasern mit baumwollähnlichen Eigenschaften, deren Produktion derzeit im Chemiefaserwerk Schwarza anläuft. Der Lösungszustand der Viskose wird sowohl von der angewandten Viskosiertechnologie als auch von der sogenannten Reaktionsfähigkeit des eingesetzten Zellstoffs beeinflußt. Neben der für die Modalfaserherstellung erforderlichen Verbesserung der Qualität und Erhöhung der Reaktionsfähigkeit als einen Teil der Qualität von Zellstoff bestand auch die Aufgabe, nach verbesserten Möglichkeiten zur analytischen Erfassung der Zellstoffreaktivität zu suchen, wobei diese Problematik auch international von erheblichem Interesse ist. Es wurde gefunden, daß in den Festkörper ^{13}C-NMR-Spektren von Zellstoff unterschiedlicher Verarbeitbarkeit kleine aber signifikante Unterschiede auftreten, die sich besonders bei den C-6-Linien zu erkennen geben. Die Bilder 1 und 2 zeigen die Spektren eines gut und eines schlecht verarbeitbaren Zellstoffs.

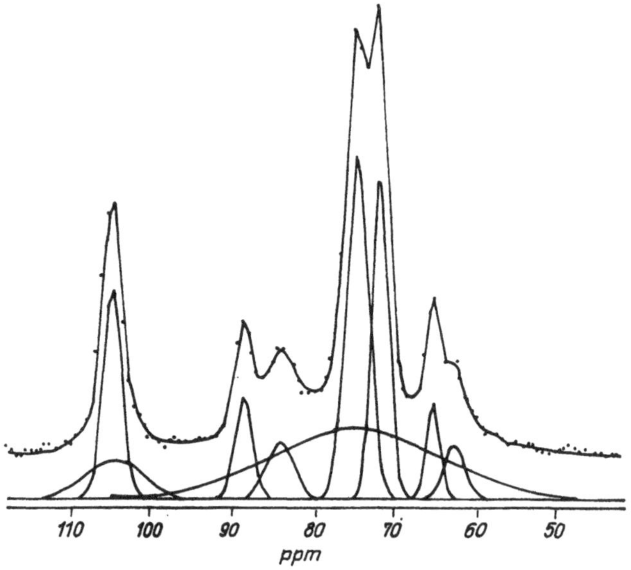

Abb. 1 Festkörper-^{13}C-NMR-Spektrum eines Buchen-Sulfit-Zellstoffs guter Reaktivität

Obere Kurve: Punkte = Originalspektrum
Kurvenzug = Summe der gefitteten Einzellinien
Untere Kurven: Gefittete Einzellinien

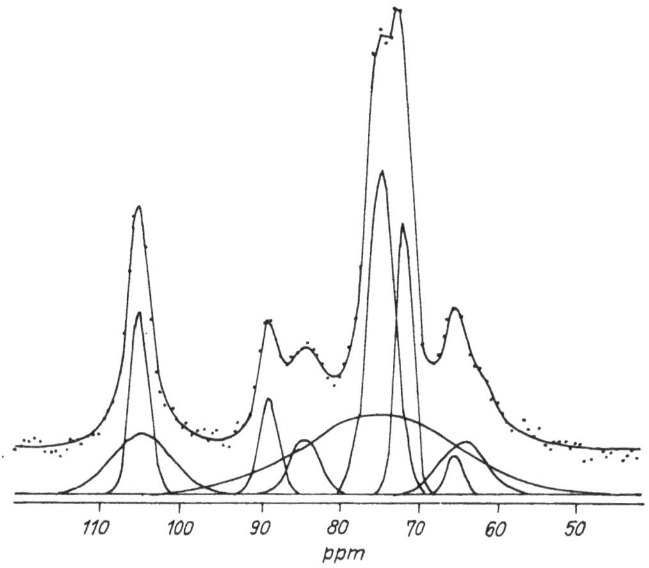

Abb. 2 Festkörper-^{13}C-NMR-Spektrum eines Buchen-Sulfit-Zellstoffs schlechter Reaktivität

Obere Kurve: Punkte = Originalspektrum
Kurvenzug = Summe der gefitteten Einzellinien
Untere Kurven: Gefittete Einzellinien

Die Originalspektren der Zellstoffe bzw. Linters sind jedoch zur zahlenmäßigen Erfassung der die Reaktivität beeinflussenden Strukturunterschiede der Cellulose nur bedingt geeignet. Wir haben daher mit Hilfe geeigneter Rechenprogramme eine Zerlegung der Spektren in zugrunde liegende Einzellinien vorgenommen. Die Intensitäten der Einzellinien sind dann einer quantitativen Auswertung gut zugänglich. Durch empirische Vergleiche stellten wir fest, daß mit steigender Reaktivität der Zellstoffe sich das Intensitätsverhältnis der beiden C-6-Linien bei 65,5 und 62 ppm zu höheren Werten verschiebt. Es besteht jedoch kein direkter Zusammenhang zwischen der Intensität der C-6-Linien und der Verarbeitbarkeit der Zellstoffe. Da bei den Zellstoffen unterschiedlich guter Verarbeitbarkeit teilweise auch Unterschiede in den C-4-Linien auftraten, suchten wir nach einer aus den ^{13}C-NMR-Spektren errechenbaren Maßzahl, die möglichst gut mit der Verarbeitbarkeit der Zellstoffe korreliert. Wir fanden durch empirische Vergleiche, daß die auf folgende Weise berechnete Größe am besten mit der aus der betrieblichen Verarbeitung bzw. durch Filterwertmessungen bekannten Reaktivität der Zellstoffe korreliert.

$$R = \frac{\text{Höhe der C-6-Linie bei 65,5 ppm}}{\text{Höhe der C-6-Linie bei 62 ppm}} - \frac{\text{Höhe der C-4-Linie bei 84 ppm}}{\text{Höhe der C-4-Linie bei 89 ppm}}$$

Die Höhe des R-Wertes wird dabei in erster Linie durch das Intensitätsverhältnis der C-6-Linien bestimmt, während das Höhenverhältnis der C-4-Linien sich in geringerem Umfang verändert und als eine Art Korrekturglied betrachtet werden kann. Mit steigender Reaktivität der Zellstoffe steigt der R-Wert an.

Es erhebt sich nun die Frage, welche Strukturunterschiede des Zellstoffs geben sich in den gefundenen Unterschieden der Spektren bzw. der R-Werte zu erkennen? Bekanntlich liegen in der Cellulose sowohl intra- als auch intermolekulare Wasserstoffbrückenbindungen vor. Von Kamide und Mitarbeitern [1] werden entsprechend Tabelle 1 die unterschiedlichen Lagen der C-4- und C-6-Linien unterschiedlichen intramolekularen Wasserstoffbrückenbindungen der Cellulose zugeordnet. Da sich intermolekulare Wasserstoffbrückenbindungen bei der Cellulose vor allem in der Lage und Intensität der C-6-Linien auswirken müssen und wir durch die Differenzbildung beim R-Wert den Anteil der intramolekularen Wasserstoffbrückenbindungen kompensieren, ist der R-Wert als eine reziproke Maßzahl für das Ausmaß der intermolekularen bzw. zwischenfibrillären Bindungen anzusehen. Für diese Deutung sprechen auch verschiedene andere Untersuchungsergebnisse.

Tabelle 1 Position der C-4- und C-6-Linien der Cellulose im ^{13}C-NMR-Spektrum in Abhängigkeit von den intramolekularen Wasserstoffbrückenbindungen (nach Kamide et al. [1])

Wasserstoffbrückenbindung	C-4	C-6
O(3)H ... O(5)′	89 ppm	62 ppm
O(2)H ... O(6)′	82 ppm	65,5 ppm

Durch Variation der Zellstoffherstellungsbedingungen ist es möglich, die Reaktionsfähigkeit des Zellstoffs stark zu beeinflussen, was auch in den NMR-Spektren zum Ausdruck kommt. Durch Abkochen des Zellstoffs auf Kappazahlen kleiner 10, d. h. weitgehende Herauslösung des Lignins bereits beim Aufschlußprozeß bei hinreichend hoher Säurekonzentration, kann ein auch für die Modalfaserherstellung geeigneter Buchen-Sulfit-Zellstoff hergestellt werden.

Wie bereits erwähnt, wird der Lösungszustand der Viskose neben der Zellstoffqualität von der angewandten Viskosiertechnologie beeinflußt. Die in den meisten Viskosebetrieben der DDR in Xanthatknetern durchgeführte

Naßsulfidierung, bei der gleichzeitig sulfidiert und gelöst wird, hat kostenseitig zwar einige Vorteile, die aber mit Abstrichen bei der Viskosequalität erkauft werden. Im Rahmen der Modalfaserentwicklung stellte sich heraus, daß mit derartig hergestellten Viskosen, die geforderte Faserqualität nicht erreicht werden kann. Bei diesem Verfahren wird bereits in der ersten Phase ein relativ hoher Anteil Xanthatgruppen an die primäre Hydroxylgruppe am C-6 gebunden, was zur Folge hat, daß bei der Nachreife der Viskose in geringerem Umfang eine Vergleichmäßigung der Substituenten eintritt als bei einer durch Trockensulfidierung hergestellten Viskose, wo der größte Anteil Xanthatgruppen zunächst an die sekundären Hydroxylgruppen gebunden wird, deren Stabilität geringer ist, wodurch die Umxanthogenierung begünstigt wird.

Als ein nützliches Hilfsmittel zur Erkennung von Unterschieden im Lösungszustand bzw. in der Substituentenverteilung der Viskosen erwies sich eine Fraktionierung der durch Umsetzung mit Diethylchloracetamid stabilisierten Xanthogenate in DMSO-Wasser-Gemischen [2]. Tabelle 2 zeigt an zwei unterschiedlich hergestellten aber in gleicher Weise versponnenen Viskosen, den Einfluß der Viskosequalität auf die Fasereigenschaften.

Tabelle 2 Einfluß des Viskosierregimes auf die textilphysikalischen Eigenschaften von Modalfasern

Viskosierung	Festigkeit [mN/tex]	Naßmodul [mN/tex]
naß	347	1019
trocken/naß	352	1226

Ein wesentliches Merkmal sowohl der Modalfaserherstellung als auch des Viskosesupercordprozesses besteht in der Verwendung sogenannter Modifikatoren. Dazu gehören oxethylierte Fettamine und eine ganze Reihe weiterer Verbindungen. Ende der 50er Jahre bestand ein zentrales Anliegen der Viskose-Forschung in der Aufklärung des gegenüber dem normalen Spinnprozeß veränderten Fadenbildungsmechanismus als Ursache der verbesserten textilmechanischen Eigenschaften der Cordseiden. Es herrschte zunächst die Meinung vor, daß die erhöhte Reckbarkeit beim Cordspinnprozeß im Zusammenhang mit der verzögerten Zersetzung des Cellulosexanthogenats im spinnenden Faden auf die intermediäre Bildung von Zinkcellulosexanthogenat über den gesamten Fadenquerschnitt zurückzuführen sei. Durch Anwendung eines breiten Methodenarsenals konnten Klare und Mitarbeiter Ende der 50er und Anfang der 60er Jahre zeigen, daß sich aus den Viskosebestandteilen und den Zinkionen des Spinnbades unter Mitwirkung der Modifikatoren an der Oberfläche des spinnenden Fadens ein dünnes Häutchen bildet, welches das Eindringen der Säure in den Faden bremst, damit die Zersetzung des Cellulosexanthogenats verzögert und die Ausbildung einer gegenüber dem Normalspinnverfahren veränderten Faserstruktur gewährleistet [3]. In den letzten Jahren von uns durchgeführte Untersuchungen haben ergeben, daß daneben durch die Modifikatoren auch unmittelbar durch Wechselwirkung mit der Cellulose im gewissen Umfang die Ausbildung von Wasserstoffbrückenbindungen zwischen Hydroxylgruppen der Cellulose gebremst wird.

Basierend auf den im Institut für Polymerenchemie „Erich Correns" vorliegenden umfangreichen Erfahrungen zur gezielten Strukturbeeinflussung bei der Herstellung von Celluloseprodukten wurden in den 70er und 80er Jahren auf Basis des Viskoseverfahrens hochveredelte Spezialprodukte für den Einsatz in Medizin und Biotechnologie entwickelt und in die Produktion überführt.

Für die Herstellung der sogenannten künstlichen Niere zur Hämodialyse bei chronischen Nierenerkrankungen werden in neuerer Zeit meist Hohlmembranen eingesetzt. Die Hohlmembranen können aus verschiedenen synthetischen Polymeren, aus Celluloseacetat oder Cellulose bestehen. Die Herstellung von Cellulosehohlmembranen kann durch Verseifen von Celluloseacetathohlfäden oder direkt durch Verspinnen von in Cuoxam gelöster Cellulose oder von Viskose erfolgen. In der DDR wurde in Zusammenarbeit zwischen dem Institut für Polymerenchemie „Erich Correns" und dem Kunstseidenwerk Pirna auf Basis Viskose ein Verfahren zur Herstellung von Cellulosehohlmembranen entwickelt, das seit einigen Jahren technisch genutzt wird [4].

Die nach dem klassischen Verfahren hergestellte Viskosespinnlösung wird nach dem in Abbildung 3 gezeigten Spinnprozeß kontinuierlich in Hohlmembranen umgewandelt. Das zur Anwendung kommende Naßspinnverfahren macht als erste Stufe der Fadenbildung eine Sol-Gel-Umwandlung möglich, in der durch Abstimmung der Säure-Salzkonzentration im Spinnbad der zukünftigen Membran ihre Haupteigenschaften aufgeprägt werden. In der sich anschließenden Zersetzungsstufe erfolgt die Umwandlung des Cellulosexanthogenates in Regeneratcellulose. In einer umfangreichen Reinigungsstufe wird die Abtrennung der Neutralisationsprodukte sowie der Restsäuren und -salze vorgenommen. Zum Finish-Prozeß werden Membranstruktur erhaltende Substanzen sowie Gleitmittel zur Erleichterung der textilen Bearbeitung aufgetragen. Nach der Trocknung erfolgt die Aufwindung auf Scheibenspulen. Der kontinuierliche Prozeß schließt den aus hygienischen Gründen unerwünschten Handkontakt des Materials weitestgehend aus.

Die Realisierung des durchgängigen als Lumen bezeichneten Hohlraumes in den Kapillaren über die gesamte Fadenlänge geschieht mit einer für dieses Verfahren von VEB Spinndüsenfabrik Gröbzig entwickelten Hohlkern-

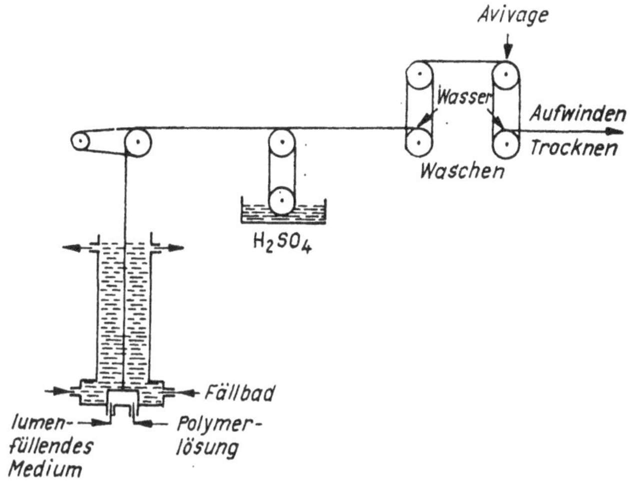

Abb. 3 Anordnung zur Erspinnung von Hohlfäden

düse (vgl. Bild 4). Die Viskose verläßt die Düse durch einen Ringspalt. Der diesen Spalt bildende Dorn ist hohl. Durch seine Öffnung tritt ein die Hohlmembran stabilisierender flüssiger oder gasförmiger Lumenfüller in das Fadeninnere. Um die Verarbeitung der Hohlmembran zu Dialysatoren möglichst aufwandsarm zu gestalten, wurde im Gegensatz zu fast allen international betriebenen Herstellungsverfahren auf den Einsatz eines flüssigen

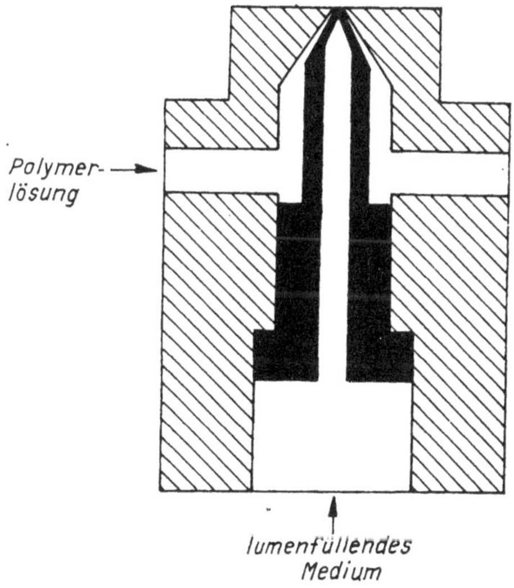

Abb. 4 Hohlkerndrüse zur Erspinnung von Hohlfäden (schematisch)

Lumenfüllers verzichtet und statt dessen Luft benutzt. Diese, für den Dialysatorhersteller äußerst günstige Verfahrensweise, die kostenaufwendige Spülprozesse vermeidet, zwang bei dem Hohlmembranhersteller zu einem bedeutenden Entwicklungsaufwand. Besondere Aufmerksamkeit mußte der definierten Zuführung der Lumenbildnerluftmenge und deren Höchstreinigung gewidmet werden. Nach dem beschriebenen Verfahren gelingt es, Innendurchmesser- und Wandstärkeschwankungen unter 10% zu erreichen.

Ein weiterer Schwerpunkt bei der Verfahrensentwicklung war neben dem eigentlichen Erspinnungs- und Reinigungsprozeß der Hohlmembranen die gesamte textiltechnische Problematik, die folgenden Prämissen untergeordnet werden mußte:

– Vermeidung von Faserlecks zur Verhinderung des Übertrittes von Patientenblut in die Spüllösung, was unkontrollierbare und unzulässige Blutverluste zur Folge hätte.
– Vermeidung von Deformationen sowie Quetsch- und Knickstellen an der runden Kapillare. Auf Grund der großen dynamischen Viskosität des Blutes, bedingt durch den hohen Gehalt an funktionellen Teilchen, ist die Gefahr des Ausschlusses von Kapillaren vom Bluttransport durch Rundheitsabweichungen bzw. Quetschungen der Kapillaren ein nicht zu unterschätzender Störfaktor. Neben der dadurch bewirkten Austauschflächenverringerung besteht bei der durchaus denkbaren wiederbeginnenden Arbeit einer zeitweilig durch Verstopfung ruhenden Kapillare die Gefahr der Ablösung von Thrombosierungsprodukten und deren Einspeisung in die Blutbahn mit einer entsprechenden Störung der Herztätigkeit.

Während bei den Fasern für technischen und textilen Einsatz die eigenschaftsbestimmenden mechanischen Kenngrößen in starkem Maße vom Ordnungs- und Orientierungsgrad abhängig sind, werden bei den Hohlfasern die Trenneigenschaften vordergründig durch den morphologischen Aufbau geprägt.

Durch Variation der Viskosezusammensetzung und der Koagulationsbedingungen sowie geeignete Zusatzmittel läßt sich die morphologische Struktur der Hohlfäden in weiten Grenzen variieren. Die Bilder 5 und 6 zeigen Unterschiede in der Morphologie, wie sie durch unterschiedliche Koagulation der Viskose verursacht werden. Da die Hohlfasern jedoch im Rahmen des Fertigungsprozesses der künstlichen Niere gewissen mechanischen Belastungen unterliegen, muß eine gewisse Mindestfestigkeit erreicht werden. Da aber Porosität und Festigkeit gegenläufig sind, ergeben sich hieraus gewisse Grenzen für die praktisch nutzbare Strukturveränderung.

Neben der weiteren Erhöhung der Leistungsfähigkeit der Hohlfasern besteht ein Anliegen der gegenwärtigen Forschung auf diesem Gebiet in der Verbesserung der Blutverträglichkeit. Diese läßt sich erhöhen, indem die

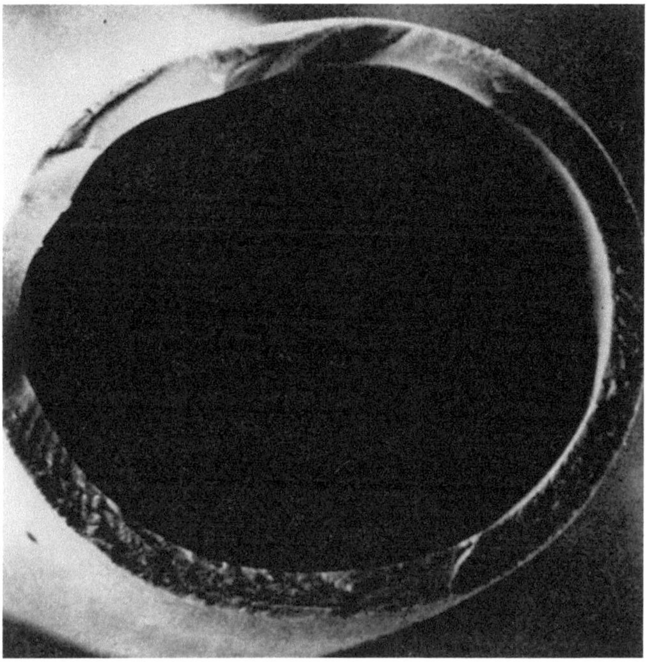

Abb. 5 Querschnitt einer Cellulosehohlmembran nach Koagulation in einem Fällbad mit hohem Salzgehalt (dichte Struktur)

gleichmäßige OH-Gruppenstruktur an der Faseroberfläche verändert wird. Durch geringe Modifizierung der Faseroberfläche oder das Einbringen geringer Zusätze von Cellulosederivaten in die Spinnlösung sind deutliche Veränderungen erreichbar.

Auch bei den Perlcellulosen ist die Struktur der Cellulosematrix in starkem Maße abhängig von den bei der Herstellung als Ausgangsmaterial verwendeten Cellulose- oder Cellulosederivatlösung sowie den Herstellungs- und Nachbehandlungsbedingungen. So entstehen z. B. bei der Herstellung von Perlcellulose aus Celluloseacetatlösungen meist nur wenig poröse Produkte, bei denen die gewünschte Porosität erst durch geeignete Zusätze eingestellt werden muß.

Geht man dagegen von technisch üblichen Viskosespinnlösungen aus und koaguliert diese nach geeigneter Verformung zu kleinen Tröpfchen, z. B. durch Emulgieren in Chlorbenzen bei erhöhter Temperatur, so erhält man makroporöse Produkte, die sich durch eine hohe mechanische Stabilität auszeichnen (vgl. Abb. 7). Die Größe der beim Einsatz von Viskosespinnlösungen entstehenden Poren liegt überwiegend im Bereich von 10 bis 100 nm (vgl. Abb. 8 und 9). Oft sind auch noch größere Hohlräume enthalten, die

Abb. 6 Querschnitt einer Cellulosehohlmembran nach Koagulation in einem Fällbad mit hohem Säuregehalt (poröse Struktur)

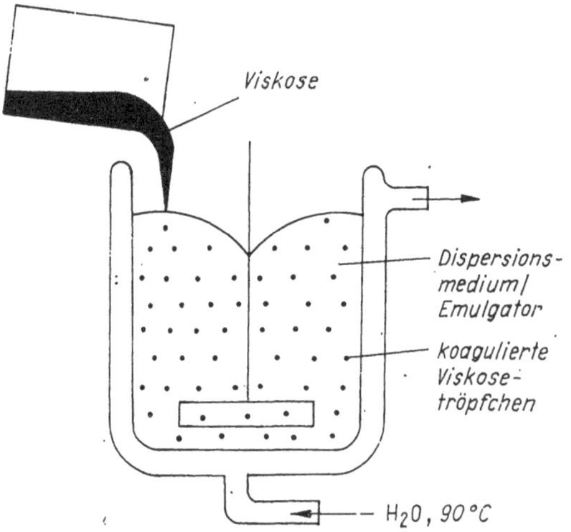

Abb. 7 Prinzip der Perlcelluloseherstellung aus Viskose

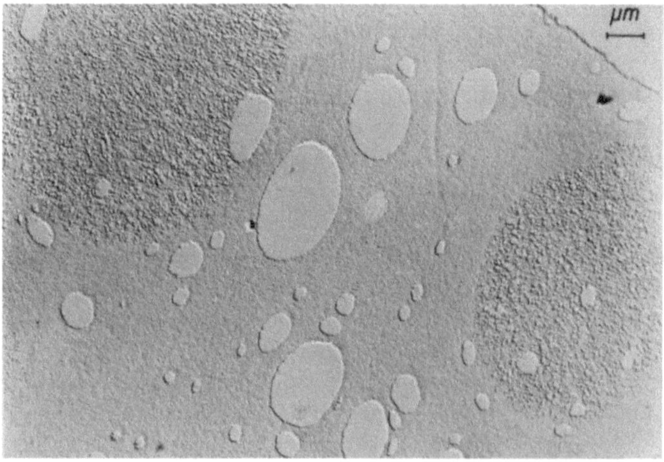

Abb. 8 TEM-Aufnahme eines Ultradünnschnitts einer „normalen" Perlcellulose

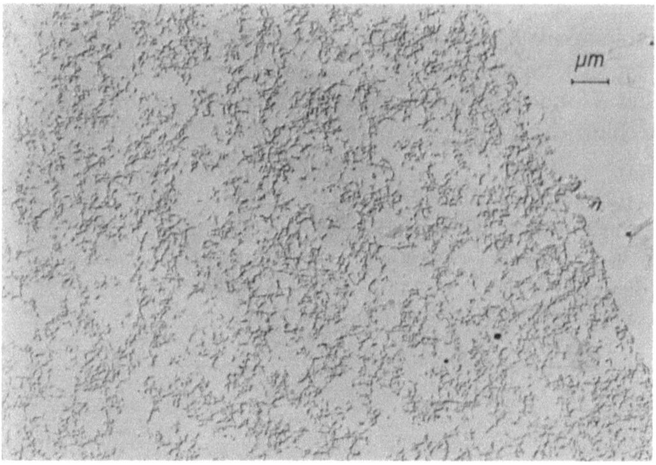

Abb. 9 TEM-Aufnahme eines Ultradünnschnitts einer Perlcellulose mit erhöhter Porosität.

jedoch nicht über den gesamten Porenquerschnitt zugänglich sind. Durch Veränderung der Viskosezusammensetzung lassen sich Produkte mit Makroporen bis zu 1000 nm herstellen, die für spezielle Zwecke einsetzbar sind. So hat sich beispielsweise gezeigt, daß ein solches extrem hochporöses Perlcelluloseprodukt in der Lage ist, selektiv Low Density Lipoproteine aus dem Blutplasma zu binden. Damit eröffnet sich eine einfache Möglichkeit zur Therapie schwerer Fettstoffwechselstörungen und deren Folgeerkrankungen.

Verdrängt man das Wasser aus der initialfeuchten Perlcellulose über einen Lösungsmittelaustausch mit Ethanol und Ether oder Benzen und trocknet dann das lösungsmittelfeuchte Produkt, so bleibt die makroporöse Struktur in nahezu vollem Umfang erhalten. Bei direkter Trocknung aus dem wasserfeuchten Zustand kollabiert jedoch das Porensystem der Cellulose irreversibel, und es resultieren zwar extrem harte und mechanisch sehr stabile aber praktisch unporöse bzw. nur noch mikroporöse Produkte.

Die irreversible Schrumpfung des Cellulosenetzwerkes läßt sich durch Einlagerung hydrophiler Polymere, wie z. B. Carboxymethylcellulose, weitgehend vermeiden. Auf diese Weise können Produkte erhalten werden, die auch nach Trocknung aus Wasser wieder aufquellen und bis zu 10 ml Wasser/g aufnehmen. Das Ausmaß der Quellung wird dabei in erster Linie von der eingesetzten CMC-Menge bzw. dem CMC-Gehalt im Endprodukt bestimmt. Dadurch, daß bei der Reinigung ein Teil der eingesetzten CMC wieder ausgewaschen wird, ergibt sich ein zusätzlicher in Richtung Porositätserhöhung gehender Effekt. Besonders hingewiesen sei in diesem Zusammenhang auf ein gemeinsam von Wissenschaftlern des Instituts für Polymerenchemie „Erich Correns", des VEB Leipziger Arzneimittelwerk und des Instituts für Makromolekulare Chemie der CSAV in Prag entwickelten Perlcelluloseprodukt, das sich hervorragend bei der Behandlung stark nässender, schwer heilender Wunden bewährt hat und inzwischen unter dem Namen DESHISAN® erhältlich ist [5] (Tab. 3).

Tabelle 3 Wundheilungsergebnisse nach Anwendung von DESHISAN®

Art der Wunde		Anzahl von Patienten n	Bewertung sehr gute Besserung	gute Besserung	geringe Besserung	keine Besserung
Infizierte Wunden (Posttraumatisch, postoperativ)		93	54	25	8	6
Verbrennungswunden		23	13	9	1	0
Amputationswunden		18	7	11	0	0
Wunden nach Osteitis oder offener Fraktur		18	8	7	2	1
Dekubitalulcera		28	10	15	1	2
Ulcus cruris unterschiedlicher Genese		458	160	117	83	98
andere Ulcera und Wunden		8	5	1	0	2
Gesamt	n	646	257	185	95	109
	%	100	39,8	28,6	14,7	16,9

In starkem Maße wird die übermolekulare Struktur der Cellulose auch durch die Einführung funktionller Gruppen verändert. Durch geeignete Wahl der Reaktionsbedingungen läßt sich die makromporöse Struktur zumindest teilweise aufrechterhalten. Dabei entstehen Produkte, die sehr gut zur chromatographischen Trennung von Biomakromolekülen geeignet sind. Derartige Produkte befinden sich in der Entwicklung und Applikationstestung, z. B. zur Insulinreinigung. Ihre industrielle Fertigung soll Anfang der 90er Jahre aufgenommen werden.

Wie aus dem Vortrag zu erkennen war, wurden wesentliche Erkenntnisfortschritte zur Struktur- und Eigenschaftsmodifizierung von Cellulose erreicht. Hermann Klare hat hierzu einesteils direkt beigetragen und anderenteils die Arbeiten wesentlich gefördert.

Literatur

[1] Kamide, K., Okajima, K., Kawsaka, K., and Matsui, T.: Polymer **17** (1985) 701–706.

[2] Dautzenberg, H., Lukanoff, B. und Hicke, H.-G.: Acta Polymerica **41** (1990) 233–243.

[3] Klare, H., Gröbe, A. und Philipp, B.: Chemiefasern 15 (1965) 502–509.

[4] Bartsch, D., Bossin, E., Gensrich, H.-J., Paul, D., Purz, H.-J., Schoner, W. H. und Tiersch, B.: Acta Polymerica **30** (1979) 343–347.

[5] medicamentum **25** (1984) 74–95.

Hermann Klare

Schlußwort

Sehr geehrter Herr Präsident, lieber Herr Scheler!
Meine Damen und Herren!

Es fällt mir nicht leicht, ein Schlußwort zu halten, das keine Wiederholungen dessen enthält, was ich vor 5 und 10 Jahren bereits sagte. Im Grunde genommen ist damals von mir schon fast alles ausgesprochen worden, was ich heute hätte sagen können. Aber man wird nicht ganz ungestraft 80 Jahre alt, auch in Hinblick auf Physis und Psyche. Ich möchte trotzdem versuchen, noch etwas vorzutragen, worüber ich – ich will mich vorsichtig ausdrücken – bisher nur wenig gesprochen habe.

Zuerst aber möchte ich mich sehr herzlich und aufrichtig für Ihre Worte, lieber Herr Scheler, bedanken, die Sie aus diesem Anlaß wiederum gefunden haben. Ich weiß, wie gesagt, aus eigener Erfahrung gut genug, daß so etwas ebenfalls nicht ganz leicht ist, wenn man sich nicht wiederholen will, nachdem Sie auch vor 5 Jahren die Laudatio hielten. Um so mehr danke ich Ihnen.

Herzlichen Dank auch Ihnen, Herr Dahlmann und Herr Schleicher für Ihre Mühe, die Sie sich meinetwegen machten und für das aus unserer Wissenschaft, was Sie hier an neuen Ergebnissen, Entwicklungen und Erkenntnissen vorgetragen haben. Mein Dank auch an die Chemische Gesellschaft der DDR für die Verleihung der Erich-Thilo-Medaille. Ich habe von 1961 bis 1968 mit Erich Thilo im Vorstand der Forschungsgemeinschaft der naturwissenschaftlichen, technischen und medizinischen Institute der Akademie ungefähr alle 14 Tage zusammen an einem Tisch gesessen. Ich kenne ihn auch aus späteren Zusammenkünften in seiner Originalität, über die hier anläßlich seiner Geburtstage und seines Todes gesprochen worden ist. Er war nicht nur ein großer Anorganiker, sondern auch ein liebenswerter Mensch.

Daß Sie, lieber Herr Seydewitz, den doch für unsere „Entfernungs-Verhältnisse" langen Weg von Schwarza nach Berlin – trotz Ihrer zweifellos starken Beanspruchung als Generaldirektor des Chemiefaserkombinats – auf sich genommen haben, freut mich besonders. Dafür und für alles, was

Sie soeben über eines meiner inzwischen erwachsenen „Lieblingskinder" vortrugen, ebenfalls aufrichtigen Dank.

Ich habe damit zugleich den Übergang, den ich brauche, um Ihnen eine Geschichte aus den Anfängen der Polyamidseide zu erzählen, die sich 1940/41 in Berlin-Lichtenberg abspielte.

Wenn ich heute nach 49 Jahren daran zurückdenke, sind wir seinerzeit mit beinahe „argem" Optimismus und einer risikoreichen, jugendlichen Zuversicht – wir waren damals alle so um die 30–35 Jahre alt – diese Aufgabe angegangen, die Technologie der Polyamidseidenfabrikation in einer kleintechnischen Anlage mit einer Kapazität von 200–300 kg/Tag zu entwickeln. Daß bei einem Caprolactampreis zwischen 20,– und 25,– M/kg und einem Selbstkostenpreis von $>$ 40,– M/kg Seide einiger Mut dazu gehörte, diese Arbeiten und Untersuchungen im o. g. Maßstab anzugehen, werden Sie mir zugeben; allerdings waren die Eigenschaften dieser Fasern für alle, die davon wußten, so faszinierend, daß wir uns zunächst um die Ökonomie der Versuchsproduktion wenig Sorgen machten, und unsere höchsten Chefs dachten wohl ebenso. Dafür hatten wir aber erhebliche andere Sorgen mit der Entwicklung der Verfahrenstechnik, zumal uns ein relativ kurzer Termin von ca. $3^1/_2$ Jahren gesetzt wurde, an dem die neu zu errichtende Anlage in Landsberg/Warthe (heute Gorzow, VR Polen) mit einer Endkapazität von 10 t/d anlaufen sollte.

Unser Problem war u. a. die Polymerisation des Caprolactams in Autoklaven, die zur Entfernung von Monomeren und Oligomeren evakuiert wurden. Wir versuchten damals noch das US-amerikanische Rostspinnverfahren zu umgehen, um neben der patentfreien Caprolactam-Polymerisation auch beim Erspinnen von Dupont-Patenten unabhängig zu sein. Wir arbeiteten daher mit dem sogenannten „Profilbandverfahren", dessen nähere Erläuterung ich mir aus Zeitgründen schenken möchte. Wir besaßen von 1–3 numerierte Autoklaven verschiedenen Rauminhaltes von 100–300 l. Etwa 1941 erhielten wir einen für die Evakuierung und Abdestillation der Monomeren/Oligomeren besonders konstruierten Autoklaven, der die Nr. 0 bekam.

Unsere Schwierigkeiten bestanden in der absoluten Abdichtung des Autoklavendeckels gegen Eindringen von Luftsauerstoff während der Vakuumphase, da anderenfalls das Polyamid sich verfärbte. Vom Autoklaven 0 versprachen wir uns eine nicht versagende Dichtung. Zuerst ging auch alles gut, die Dichtungen funktionierten bei dem Überdruck für die Polymerisation und beim anschließenden Vakuum der Destillationsphase. Aber eines Morgens beim Betriebsrundgang, als die „weiße Wolke" im Autoklavenraum erschien, war der Autoklav 0 vom Meister bereits geöffnet und wir sahen: Fehlansatz durch eingedrungene Luft, also auch wieder unzureichende Abdichtung am Autoklavendeckel. Etwa 2–3 Minuten betretendes Schweigen, 4–5 Chemiker und Ingenieure standen betrübt um den Autoklaven und betrachteten sich die Bescherung. Wir sahen die zunehmenden Zornesfalten unseres damaligen Chefs, der leider etwas humorlos war, als einer meiner Kollegen, leise aber doch für jeden vernehmlich vor sich hinmurmelte: „Ja, ja der „Null-Ouvert," auch nicht gewonnen!" Bis auf den Chef konnte nun keiner – trotz des Dilemmas – mehr ernst bleiben, und wir unterdrückten mühsam das Lachen. Ein gehöriger Rüffel folgte sofort. Dieses Verfahren wurde übrigens für die spätere Großfabikation in Landsberg aufgegeben.

Im Hochsommer 1949 war die ehemalige inzwischen deportierte Landsberger Polyamidanlage in Klin/UdSSR wieder aufgestellt, und es begann der Fabrikationsablauf. Etwa um diese Zeit besichtigte der damalige Minister für Leichtindustrie, A. N. Kossygin, der spätere, langjährige Ministerpräsident der SU, die neue Fabrik. Wir waren, wie das bei derartigen Anlässen so üblich ist, auf einen „Vorführeffekt" gefaßt, zumal die Aufregung unserer sowjetischen Kollegen verständlicherweise groß war. Besagter „Vorführeffekt" traf auch ein; aber ganz anders, als wir erwarteten. An dem betreffenden Morgen gab es überraschend ein heftiges Gewitter mit Platzregen und auf der Straße zur neuen Kapronfabrik hatte sich in einer Senke etwa 50 m vor dem Eingang eine tiefe Wasserlache gebildet. Als der Wagen des Ministers mitten durch diese Riesenpfütze fuhr – wir beobachteten, nichts Gutes ahnend, das Ereignis von unseren Labor- und Bürofenstern aus – blieb das Auto mittendrin stecken, und da der Motor nicht gleich wieder ansprang, stieg der Minister, etwas ungeduldig geworden, aus und stand bis an die Waden im Wasser. Ohne eine Miene zu verziehen begann Kossygin, von erschrockenen Werks- und Betriebsdirektoren begleitet, mit nassen Hosen und Füßen die Besichtigung. In der Abschlußbesprechung gab es keineswegs das erwartete Donnerwetter. Kossygin, als studierter Textilingenieur ein ausgezeichneter Fachmann, bewertete sachlich und kritisch, was er gesehen hatte und bemerkte dann sinngemäß, man solle sich doch ebenso wie um die Produktion von Kapronseide auch darum kümmern, daß die Belegschaft auch bei Regenwetter trockenen Fußes an ihre Arbeitsplätze käme. Nach diesem Hinweis wurde die Straße innerhalb von 14 Tagen in Ordnung gebracht und das Gully nicht am höchsten, sondern am tiefsten Punkt angebracht; eine Reklamation, die bereits mehrere Monate die Gemüter erhitzt hatte. Nebenbei möchte ich Ihnen versichern, daß dies der einzige Minister gewesen ist, den ich während meiner Industrietätigkeit 1933–1953 mit nassen Hosen angetroffen habe.

Herr Präsident, verehrte Kolleginnen und Kollegen, wenn ich heute bedenke, was wir in dem geschilderten Zeitraum noch nicht über die Chemie und Physik der Caprolactam-Polymerisation, der Kaltverstreckung, über den erforderlichen Reinheitsgrad des Caprolactams und des Polymerisats wußten, dann wundert es mich immer wieder, daß überhaupt eine für damalige Zeiten funktionierende Technologie und eine einigermaßen passable Seide produziert wurde. Heutigen Ansprüchen hätte das Endprodukt unserer Bemühungen in Klin natürlich in keiner Weise genügt, wie Sie soeben von Generaldirektor Dr. Seydewitz gehört haben; aber ich hoffe, es langweilte Sie nicht, einmal ein bißchen darüber zu erfahren, wie alles begann. Es war wohl so, wie ich neulich las: „Wenn es in der Praxis geklappt hat, muß deshalb nicht immer die Theorie gestimmt haben".

Ich danke Ihnen, daß Sie mir am Schluß unseres heutigen Kolloquiums noch zuhörten, und ich danke Ihnen nochmals für die Mühe und für die guten Wünsche, die Sie diesmal wieder für mich gefunden haben.

Autorenverzeichnis

Dahlmann, Jürgen, Prof. Dr., Institut für Polymerenchemie „Erich Correns" der Akademie der Wissenschaften der DDR

Klare, Hermann, Ordentliches Mitglied der Akademie der Wissenschaften der DDR

Seydewitz, Klaus, Dr., Thüringische Faser AG

Scheler, Werner, Präsident und Ordentliches Mitglied der Akademie der Wissenschaften der DRR

Schleicher, Harry, Prof. Dr., Institut für Polymerenchemie „Erich Correns" der AdW der DDR